U0176637

绿色 · 智慧 · 融合

——2021 年中国城市交通规划年会论文摘要

中国城市规划学会城市交通规划学术委员会　编

中国建筑工业出版社

图书在版编目（CIP）数据

绿色·智慧·融合：2021年中国城市交通规划年会
论文摘要 / 中国城市规划学会城市交通规划学术委员会
编. —北京：中国建筑工业出版社，2021.10
ISBN 978-7-112-26585-5

Ⅰ.①绿… Ⅱ.①中… Ⅲ.①城市规划-交通规划-
中国-文集 Ⅳ.①TU984.191-53

中国版本图书馆 CIP 数据核字（2021）第 188852 号

责任编辑：黄　翊　徐　冉
责任校对：张惠雯

绿色·智慧·融合——2021 年中国城市交通规划年会论文摘要
中国城市规划学会城市交通规划学术委员会　编

*

中国建筑工业出版社出版、发行（北京海淀三里河路9号）
各地新华书店、建筑书店经销
北京鸿文瀚海文化传媒有限公司制版
北京建筑工业印刷厂印刷

*

开本：850 毫米×1168 毫米　1/32　印张：11⅜　字数：283 千字
2021 年 11 月第一版　2021 年 11 月第一次印刷
定价：59.00 元
ISBN 978-7-112-26585-5
（38137）

本书收录了"2021 年中国城市交通规划年会"入选论文摘要 274 篇。内容涉及与城市交通发展相关的诸多方面，反映了我国交通规划设计、交通治理等理论和技术方法的最新研究成果，以及智能技术与应用、韧性交通与风险防范、交通出行与服务等领域的创新实践。

本书可供城市建设决策者、交通规划建设管理专业技术人员、高校相关专业师生参考。

目　　录

01　宣讲论文

02　交通规划与实践

03　交通出行与服务

04 交通设施与布局

05　交通治理与管控

06　智能技术与应用

07　韧性交通与风险防控

08　交通研究与评估

01 宣讲论文

居住区城市道路使用特征分析
与规划策略研究

周嗣恩　刘　斌　龚　嫣　何　青

【摘要】居住区围合封闭城市道路的优化提升是健康街区建设的重要组成部分，也是街区制推广的重要任务之一。研究以北京市为例，首先，围绕居住区与居住区城市道路发展历程、规范标准、规划实践、使用特征与交通治理等，多维度分析了居住区城市道路的使用现状、问题和特征；其次，坚持公众参与，采用网络问卷调查的方法，分析公众对居住区城市道路公共化的认知、意向和诉求；再次，从道路公共化、道路用地性质、道路红线与断面标准、实施策略与路径、管理机制等方面提出了居住区城市道路规划的策略建议；最后，分析总结了北京市居住区城市道路的规划实施案例。

【关键词】居住区；城市道路；规划实施；规划策略；公共化

作者简介

周嗣恩，男，博士，北京市城市规划设计研究院，教授级高级工程师。电子信箱：snzhou_hn@163.com

刘斌，男，本科，北京市城市规划设计研究院，教授级高级工程师。电子信箱：liub@bgy.cn

龚嫣，女，本科，北京市城市规划设计研究院，教授级高级工程师。电子信箱：gongy@bgy.cn

何青，女，博士，北京市城市规划设计研究院，工程师。电子信箱：heq@bgy.cn

国土空间规划背景下小城市综合交通规划技术思路探索

苏　腾　郭轶博

【摘要】当前我国正处于第一轮国土空间规划编制过程中，越来越多的小城市相应启动了城市综合交通体系规划的编制，但基本沿用大城市的传统规划技术体系。研究以西昌市、桓台县、任丘市三个小城市的综合交通体系规划为案例，从小城市现状基本特征和发展需求出发，从社会经济与机动化水平、人口空间与出行特征、区域与城乡联系特征、城市交通基础设施四个方面，分析小城市与大城市不同的特点。在此基础上提出适应国土空间规划需求与小城市发展实际诉求的综合交通规划技术体系，包括交通现状评估与问题分析、交通发展趋势分析、交通发展战略、综合交通系统规划、精细化规划与实施五大板块，并对每一板块具体内容进行阐述。最后，结合案例实践，提出综合分析与精准把脉、总结规律与辨明趋势、区域融合与城乡一体、精细规划与注重实施四大技术要点。

【关键词】国土空间规划；小城市；城市综合交通；技术思路

作者简介

苏腾，男，硕士，中国城市规划设计研究院，副所长，高级工程师。电子信箱：317852082@qq.com

郭轶博，女，硕士，中国城市规划设计研究院，助理工程师。电子信箱：1609322432@qq.com

欠发达地区城市交通规划编制历程、演进特征：回顾及反思

——以四川省为例

王超深　谭　敏　冯　田

【摘要】受地方财政实力、规划管理水平等多重原因影响，我国欠发达地区大中城市交通规划编制与东部地区相比存在巨大差异，简单地套搬大城市交通规划"编制经验"，不能有效地指导这些地区的交通发展。研究以欠发达省份四川省为例，较为系统地分析其下属大中城市 2000 年以来的城市交通规划编制历程特征，将其划分为城市交通规划探索期、综合交通规划涌现期、轨道线网规划凸显期和城市交通规划完善期四个阶段。总体来看，四川省大中城市完善的交通规划编制体系尚未全面构建完成，研究对当前编制较多的综合交通规划和轨网规划的主要问题进行了反思，提出了相应的改善对策和建议。

【关键词】综合交通规划；国土空间规划；实用型；大中城市；四川省

作者简介

王超深，男，博士，四川大学建筑与环境学院，高级工程师，助理研究员。电子信箱：409338893@qq.com

谭敏，男，博士，四川大学建筑与环境学院，副教授。电子信箱：1303281258@qq.com

冯田，女，博士，四川大学建筑与环境学院，助理研究员。电子信箱：fengtian@scu.edu.cn

基金项目

中国博士后科学基金资助项目（2021M692258）；

中央高校基本科研专项资金资助项目（2021SCU12133）。

"由量到质":"街道设计导则"与城市道路系统优化

马 强 韦 笑 任冠南

【摘要】街道作为城市中承担交通、活动、生态等多重职能的重要公共空间,其品质提升与精细化设计近年来已经受到越来越多的重视,而"街道设计导则"作为设计成果与引导最直接的表现形式,近年来在国内外城市方兴未艾。本文通过对国内外城市街道设计导则编制和学术研究情况进行全面、系统的回顾与梳理,总结国内外城市街道设计导则的编制经验,并通过对目前国内城市街道导则在理念目标、编制体例和主要内容方面的特征分析和对比,进一步反思城市道路系统规划的理念与目标,提出"街道设计导则"对城市道路系统规划的独特借鉴价值,并探索两者之间的良性互动策略。

【关键词】街道;设计导则;城市道路系统;城市公共空间

作者简介

马强,男,博士,上海同济城市规划设计研究院有限公司,复兴规划设计所所长,高级工程师。电子信箱:mac1416@vip.163.com

韦笑,女,硕士,上海同济城市规划设计研究院有限公司,复兴规划设计所所长助理,工程师。电子信箱:420986551@qq.com

任冠南,女,硕士,上海同济城市规划设计研究院有限公司,助理规划师。电子信箱:827201241@qq.com

北京市公共交通票制票价体系研究

张 鑫 夏 贝

【摘要】本文选取欧洲的巴黎和伦敦、北美洲的纽约以及亚洲的首尔和新加坡5个城市，分别对其从定价基础、计价方式、车票类型、补贴机制、受益群体等方面进行公共交通票价体系的分析与研究，提炼出各城市公共交通票价体系的特点，并与北京的现状公共交通票制票价特点进行对比分析。重点从定价模式、补贴机制、车票类型和多元融合等方面对北京的公共交通票制票价体系提出对策和完善建议，使公共交通回归公共、公平、公正的本质，让真正依赖公共交通出行、长期稳定使用公共交通的群体从中受益。

【关键词】公共交通；票制票价；公交补贴

作者简介

张鑫，男，硕士，北京市城市规划设计研究院，教授级高工。电子信箱：31917563@qq.com

夏贝，女，硕士，北京艾威爱交通咨询有限公司，工程师。电子信箱：xbkylin@163.com

轨道站点与公共服务设施衔接关系研究

——以深圳市为例

王　洁　黄淑茵　崔森存　庄浩滨

【摘要】近年来，深圳市积极推行以公共交通为导向的城市土地开发模式（Transit-Oriented Development，TOD）。然而，目前深圳市公交分担率远低于目标值，且公共服务设施的公交可达性不高。公共交通不仅要满足通勤需求，还应承载起非通勤活动，而大型公共服务设施是人们日常出行的重要目的地，所以公交与公共服务设施的协调发展极为重要。本研究结合基础地理空间数据、大数据、网络统计数据等多源数据，构建"节点—联系—场所"三维模型，重点分析深圳市轨道交通站点与公共服务设施的衔接关系，测度轨道站点与公共服务设施的建设协同情况。研究发现，平衡型轨道站点的平衡度与导向度存在显著的正相关关系，站点导向度和公共服务设施的建设情况有着强相关性。基于此，研究对为不同类型的站点与公共服务设施的配置提出了针对性的优化提升策略，为"公交都市"建设背景下的城市规划决策提供一定的建议参考。

【关键词】轨道交通站点；公共服务设施；平衡度；导向度；衔接情况

作者简介

王洁，女，在读硕士研究生，深圳大学建筑与城市规划学院。电子信箱：1358508071@qq.com

黄淑茵，女，在读硕士研究生，深圳大学建筑与城市规划学

院。电子信箱：zoe_0802@163.com

崔淼存，女，在读硕士研究生，深圳大学建筑与城市规划学院。电子信箱：1144247407@qq.com

庄浩滨，男，在读硕士研究生，深圳大学建筑与城市规划学院。电子信箱：441617292@qq.com

国土空间框架下的深圳交通规划
编制体系与传导探讨

邓 琪 刘 琦 王晓波

【摘要】2000 年，为应对城市高速发展带来的复杂交通问题，深圳市建立了与城市规划体系相协调的交通规划编制体系。近年来，随着国土空间规划编制体系的逐步完善，交通规划编制面临交通用地空间刚性管控、交通设施类型逐级传导等一系列新要求，以实现"一张蓝图绘到底"的目标。研究结合深圳"两级三类"国土空间规划体系编制要求以及深圳存量用地发展的阶段特征，分析既有交通规划编制体系的适应性，提出国土空间框架下交通规划编制的规划要素及传导机制，并依此优化既有规划编制体系、编制主体以及审批层级，继续支持交通与城市发展的互促协同。

【关键词】编制体系；规划要素；传导机制；综合交通

作者简介

邓琪，男，硕士，深圳市规划国土发展研究中心，副总规划师，高级工程师。电子信箱：5700274@qq.com

刘琦，女，硕士，深圳市规划国土发展研究中心，副主任规划师，高级工程师。电子信箱：56873862@qq.com

王晓波，男，本科，深圳市规划国土发展研究中心，助理规划师，工程师。电子信箱：183505668@qq.com

新冠肺炎疫情恢复期定制
公交通勤的意愿分析

何凌晖　李　健　孙建平

【摘要】新冠肺炎疫情恢复期内保障居民安全通勤出行至关重要，而定制公交作为一种定制化出行方式，可以减少交叉感染的风险。本研究以上海为例进行了疫情恢复期定制公交通勤出行的意愿调查，并基于计划行为理论建立结构方程模型，对定制公交通勤意愿的影响因素进行了分析。研究结果表明：首先，定制公交的行为态度和知觉行为控制对通勤意愿具有较大的积极影响；其次，安全性、舒适性和便捷性对居民选择定制公交通勤的行为态度具有较大的积极影响；最后，居民选择定制公交受家人、传统和新兴媒体的影响较小，更多受到医学专家和政府政策的影响。研究结论：为提升居民在新冠肺炎疫情恢复期选择定制公交通勤的意愿，应优先考虑优化行车路径和站点设置，并严格采取公共卫生防疫措施。

【关键词】新冠肺炎疫情；定制公交；通勤意愿；结构方程模型；计划行为理论

作者简介

何凌晖，男，硕士，同济大学道路与交通工程教育部重点实验室，博士研究生。电子信箱：eason_he@tongji.edu.cn

李健，男，博士，同济大学道路与交通工程教育部重点实验室，副教授。电子信箱：jianli@tongji.edu.cn

孙建平，男，博士，同济大学城市风险管理研究院，教授。电子信箱：sjp1608@163.com

基金项目

国家重点研发计划（2018YFB1601600）。

高铁枢纽站空间可达性研究

李芮智　周雨阳　马　山

【摘要】近年来随着高速铁路的快速建设，居民跨市出行频率呈逐年上升趋势，以高铁客运站为主的综合交通枢纽成为城市对内、对外交通功能集结的重要交通节点，担负着旅客出行、集散、中转、换乘的任务。随着"出行即服务"理念的提出，出行者在铁路、机动车与公共交通出行方式之间的换乘体验也愈发受到重视，枢纽站与城市交通网络之间的联通与便捷也变得至关重要。本文以北京南站作为高铁枢纽站研究对象，通过空间句法模型，对高铁枢纽站的空间可达性进行多维度的衡量，从而评价高铁枢纽站的出行效率，从空间结构方面提出相应建议，优化出行体验以满足出行者对各类交通方式的出行需求。

【关键词】空间句法；空间可达性；高铁枢纽站；出行体验

作者简介

李芮智，男，研究生，天津市城市规划设计研究总院有限公司，助理规划师。电子信箱：1280193751@qq.com

周雨阳，女，硕士，北京工业大学，副教授。电子信箱：zyy@bjut.com

马山，男，硕士，天津市城市规划设计研究总院有限公司，规划师。电子信箱：376578347@qq.com

城市街道驿站规划设计研究

陈一铭　孙正安

【摘要】与小汽车"门到门"出行方式不同，绿色出行通常涉及休息、等候、换乘等停留环节。目前，国内大多数城市的绿色出行停留环节都存在出行不体面、不舒适等"痛点"。针对这一问题，本文提出体系化构建"街道驿站"的构想，旨在完善城市绿色交通出行链，打造有尊严感、幸福感的绿色交通出行体验。本文基于对停留环节需求的剖析，明确了街道驿站的基本功能，提出广覆盖、全天候、人性化、多功能的规划设计理念；同时，从驿站的规划模式、平面布局、空间设计、设施配套和附加服务五个方面制定了规划设计策略；最后，结合我国城市街道的普遍特征和发展方向，构建了街道驿站的分级体系，并提出了相应的驿站设计要点。

【关键词】驿站；街道设计；绿色交通

作者简介

陈一铭，女，硕士，深圳市城市交通规划设计研究中心股份有限公司，中级工程师。电子信箱：yiming.chen89@foxmail.com

孙正安，男，硕士，深圳市城市交通规划设计研究中心股份有限公司，高级工程师。电子信箱：sunza@sutpc.com

面向中观层面的城市轨道
沿线区域交通一体化研究
——以武汉市轨道交通环线为例

高 嵩 曾 浩 孙小丽 邹 芳

【摘要】目前我国中观层面轨道沿线一体化研究相对薄弱，导致"轨道+公交+慢行"三网融合不充分，绿色交通整体效益发挥不足，轨道交通建设未能完全实现引导城市交通结构转型的效果。为了进一步优化完善轨道交通编制体系，本文以武汉市轨道线网中最核心的环线——12号线为例，通过合理设定轨道服务圈层及各层次核心要素，提出协同一体化和衔接一体化目标。在综合研判沿线区域道路功能的基础上，有效协调各种交通方式廊道之间的关系，并提出规划落实的管控手段和相关保障措施，以达到有效整合轨道沿线交通网络和交通设施、大幅缩短全出行链通行时间、提升绿色交通竞争优势的目的。由于中观层面涉及的实施主体较多，未来需要建立综合性规划建设协调机制，以在轨道建设全过程中落实规划理念。

【关键词】一体化；三网融合；环线；微枢纽

作者简介

高嵩，男，硕士，武汉市交通发展战略研究院，高级工程师。电子信箱：gsgshhhh@vip.qq.com

曾浩，男，硕士，武汉市自然资源和规划局，副处长，工程师。电子信箱：37332896@qq.com

孙小丽，女，本科，武汉市交通发展战略研究院，副总工程

师，教授级高级工程师。电子信箱：378727503@qq.com

邹芳，女，硕士，武汉市规划研究院，高级工程师。电子信箱：348453866@qq.com

西安市居民出行 CO_2 排放测算
及减排路径分析

何水苗　安　东

【摘要】实现"碳达峰"和"碳中和"是我国在第七十五届联合国大会上作出的重要承诺，交通领域是 CO_2 排放的重要来源，城市交通 CO_2 排放占交通领域（除航空、铁路、水运除外）的 80% 以上，因此研究城市交通出行排放特性对实现交通领域"碳达峰"和"碳中和"目标至关重要。本文以西安市为例，构建了基于不同出行方式的 CO_2 排放测算方法，并对不同出行方式产生的 CO_2 排放量进行测算，同时基于"双碳"目标背景探讨了三种交通发展情景的减排效果。结果表明，采用能源优化和出行结构优化的综合情景下，2025 年和 2030 年城市出行 CO_2 排放相比 2019 年将分别降低 13.4% 和 27.3%；优化能源结构、促进清洁能源车辆应用、提高公共交通出行占比对于缓解和改善城市交通出行排放效果显著。最后，提出城市交通出行减排对策和建议，为城市交通减排政策的制定提供基础。

【关键词】碳排放；居民出行；减排情景

作者简介

何水苗，女，硕士，西安市交通规划设计研究院有限公司，助理工程师。电子信箱：1650794939@qq.com

安东，男，博士，西安市城市规划设计研究院，所长，高级工程师。电子信箱：125290635@qq.com

基于轨道交通可达性的土地利用开发协调评估研究

周溶伟　王　晓　龙俊仁

【摘要】在城市系统中，土地利用与轨道交通有着密切联系，而土地开发与轨道交通建设规划隶属于不同部门统筹，急需建立面向轨道交通可达性的土地利用开发以协调评估方法和路径。本文以深圳市为例，构筑 2025 年轨道交通拓扑网络，考虑出行时间、区域人口岗位等因素，评估轨道交通站点 3 公里范围区域内的轨道交通可达性水平。通过轨道交通可达性与土地开发强度密度分区的双变量空间关联分析，结果显示：2025 年深圳市整体轨道交通与土地利用开发处于均衡发展；但城市外围地区，如机场东、白坭坑、沙井、光明、盐田等地区，呈现轨道交通较高可达—开发强度较低或者轨道交通较低可达—开发密度较高的不均衡发展特征。针对轨道交通与土地开发强度发展不均衡地区，本文从规划调整、体制机制等方面提出建议，为其他大城市评估和促进轨道交通与土地利用开发协调发展提供参考路径。

【关键词】轨道交通；可达性；开发强度；深圳市

作者简介

周溶伟，男，硕士，深圳市城市交通规划设计研究中心股份有限公司，助理工程师。电子信箱：zhourw@sutpc.com

王晓，男，硕士，深圳市城市交通规划设计研究中心股份有限公司，高级工程师。电子信箱：wangxiao@sutpc.com

龙俊仁，男，硕士，深圳市城市交通规划设计研究中心股份有限公司，高级工程师。电子信箱：ljr@sutpc.com

杭州轨道交通与地面公交
协调发展策略与探索实践

周　航　李家斌　赵晨阳　冯　伟　姚　遥

【摘要】轨道交通与地面公交协调发展是现阶段我国大城市公共交通系统转型发展的重点。本文以国内 11 个城市为例，总结轨道交通与地面公交的客流演变特征规律，分析杭州轨道交通与地面公交出行现状，提出杭州轨道交通与地面公交协同发展策略与探索实践。分析结果显示，轨道交通有效提升了公共交通总客运量，随着轨道交通网络的完善，地面公交客运量可能出现上升或下降的转态，其客运量占比的下降速率呈现"先快后慢"的特征。杭州轨道交通与地面公交客流发展的现状特征符合全国城市总体规律，正处于公共交通转型发展的关键时期。国内城市轨道交通与地面公交客流发展规律以及杭州地面公交在线网组织、场站布局、服务模式上的创新性探索可为相关研究与运营实践提供参考。

【关键词】城市轨道；地面公交；客流演变；协同发展策略；杭州

作者简介

周航，女，硕士，杭州市规划设计研究院。电子信箱：1252846133@qq.com

李家斌，男，硕士，杭州市规划设计研究院，工程师。电子信箱：516704343@qq.com

赵晨阳，男，硕士，杭州市规划设计研究院。电子信箱：2402279037@qq.com

冯伟，男，硕士，杭州市规划设计研究院，工程师。电子信箱：693930551@qq.com

姚遥，女，硕士，杭州市规划设计研究院，教授级高级工程师。电子信箱：965904654@qq.com

考虑自动驾驶汽车应用的
意愿调查与出行方式预测

赵鑫玮　陈小鸿

【摘要】自动驾驶汽车技术快速发展，与之相关的研究亦越来越多，但关注市民对自动驾驶汽车的接受度和使用意愿，以及自动驾驶汽车应用引起未来出行方式变化的研究相对较少。考虑目前尚未有大规模的自动驾驶汽车实际应用，本文采用 RP+SP 组合问卷调查方法，以深圳市为案例，研究市民对自动驾驶汽车的价格感知、接受度与拥有、使用、共享、停车意愿。设定自动驾驶汽车购买价格是同款普通自动驾驶汽车价格的 1 倍、1.3 倍、1.5 倍和 2.0 倍四种情景，考虑出行方式选择的影响因素，分别构建多项 Logit 出行方式选择模型，分析性别、年龄、家庭房屋类型、家庭拥车数、通勤出行方式、非通勤出行方式、通勤出行驾车频率、非通勤出行驾车频率、夜间居住区停车时间与出行方式选择的相关度，并预测自动驾驶汽车应用后的出行方式结构。研究表明，总体上市民对自动驾驶车的拥有、使用、共享持乐观态度，约 90%的市民想购买自动驾驶汽车，约 70%的市民表示仍要拥有私家车。随着自动驾驶汽车售价的提高，购买意愿会大幅下降，当自动驾驶汽车购买价格是同款传统汽车价格的 1.5 倍时，60%的人就会放弃购买自动驾驶汽车，其中一半人转向购买传统汽车。自动驾驶汽车应用后，居民出行次数将显著增加。当自动驾驶汽车购买价格与传统汽车购买价格相等时，85%的公共交通出行和 80%的传统小汽车方式出行会向自动驾驶汽车出行转化。本研究为自动驾驶汽车前期的推广应用提供了基础依据，对自动驾驶汽车应用的交通运行影响及相关政策制定等具有探索意义和参考价值。

【**关键词**】自动驾驶汽车；购买和使用意愿；RP+SP 调查；多项 Logit 模型；出行方式预测

作者简介

赵鑫玮，女，硕士，中国城市规划设计研究院，工程师。电子信箱：591366791@qq.com

陈小鸿，女，博士，同济大学，教授。电子信箱：tongjicxh@163.com

交通视角下防御单元的适应性规划策略

——基于突发公共卫生安全事件的思考

周文竹 汪 琦 王 楠

【摘要】在此次新冠肺炎病毒引发的疫情中，社区作为疫情防控的基本单元发挥了重要作用。为了进一步完善我国基本防灾单元建设，并保障不同疫情传播阶段中各防疫单元居民生活、就医等出行需求，本文构建了突发公共卫生事件下社区防御单元的交通适应性管控策略。研究在借鉴国内外防灾单元建设经验的基础上，从出行视角提出防疫单元划定方法，并提出了以防御单元为尺度组织分阶段交通优化方案，即潜伏初期的交通预警、快速传播期的交通禁行与交通专线组织、持续传播期的社区定制公交模式与开行方案、恢复结束期的预约公交运营方案与满载率控制标准等。本研究为提高城市防灾应急能力、构建城市防灾体系提供了理论与方法，具有一定的现实意义。

【关键词】突发公共卫生安全事件；社区；防御单元；交通适应性管控

作者简介

周文竹，女，博士，东南大学建筑学院，副教授。电子信箱：zwz-1234567@163.com

汪琦，男，硕士，东南大学建筑学院。电子信箱：1529907148@qq.com

王楠，女，硕士，东南大学建筑学院。电子信箱：534165068@qq.com

上海电动汽车充电设施"十四五"规划布局和对策建议

孙 亚 朱 昊 秦明霞

【摘要】电动汽车的发展是实现未来绿色交通的关键。本文基于电动车辆状态和位置等数据集挖掘、分析了各类别的电动汽车的出行时空多维度特征,利用车辆电池状态等数据集挖掘、分析了充耗电时空多维特征。研究预测了上海"十四五"时期的电动汽车保有量需求和用电需求,然后分析了电动汽车的"十四五"用电规划布局,包括各类型电动车辆 2025 年日用电总量、电力负荷、季节用电和充电设施布局等。为上海电动汽车发展制定相关交通政策、电动汽车充电设施网络布局和建设、加强配套电力保障等工作提供定量支撑。

【关键词】电动汽车;运行大数据;交通出行和充耗电特征;电力负荷;充电桩布局规划

作者简介

孙亚,男,博士,上海城市综合交通规划科技咨询有限公司,部门副经理,高级工程师。电子信箱:ysun_work@163.com

朱昊,男,硕士,上海城市综合交通规划科技咨询有限公司,副总经理,高级经济师。电子信箱:18901851668@189.cn

秦明霞,女,硕士,上海城市综合交通规划科技咨询有限公司,工程师。电子信箱:qinmingxia2010@163.com

重货车轨迹大数据赋能
机动车排放测算的研究

王 磊

【摘要】伴随着城市化、机动化进程不断加快,移动源的排放持续上升,重型车在汽车拥有量中占比虽少,但其排放的氮氧化物和颗粒物却远高于轻型车,加强重型柴油车排放的达标监控刻不容缓。本文依托日趋完备的重型货车轨迹收集体系,从重型车动态排放清单实时监测需求出发,构建动态交通流测算技术,为中国国际进口博览会期间增强重柴车的实时监管能力赋能,为评估机动车排放污染提供支撑。

【关键词】机动车排放模型;货车大数据;动态交通流测算;批量梯度下降

作者简介

王磊,男,硕士,上海市城乡建设和交通发展研究院,高级工程师。电子信箱:79761249@qq.com

基于浮动车数据的快速路
拥堵征兆识别方法

陈 田 刘根旺 李 健

【摘要】交通拥堵状态的自动识别作为智能交通系统的重要组成部分，是城市快速路监控和智能交通管控的前提。本文使用深圳路网的出租车数据，基于模糊 C 均值算法和 DBSCAN 算法对车速的时空分布矩阵二次聚类，得到快速路拥堵区域特征图。将拥堵区域二值化，并进行卷积平滑处理以识别拥堵瓶颈。在此基础上，基于瓶颈位置、车速和车速阈值差值判断交通拥堵征兆。实证研究结果证实了方法的有效性，所识别的快速路瓶颈路段位置与实际情况符合，且在工作日和周末分布基本一致；在拥堵瓶颈识别的基础上，利用路段车速阈值和上游相邻路段车速差阈值可以表征拥堵征兆。本文提出的方法可广泛应用于城市快速路拥堵的自动识别。

【关键词】城市快速路；拥堵识别；聚类分析；交通瓶颈

作者简介

陈田，男，硕士，同济大学。电子信箱：1831348@tongji.edu.cn

刘根旺，男，硕士，同济大学。电子信箱：2031343@tongji.edu.cn

李健，男，博士，同济大学交通运输工程学院，副教授。电子信箱：jianli@tongji.edu.cn

社区生活圈公共交通可达性
的测度优化与评价

——以上海市杨浦区居住小区为例

王欣宜　窦　寅

【摘要】研究从公共交通设施的可获得性入手，基于机会累积模型，对现有公共交通可达性的测度方法进行优化，考虑各类公共交通方式的速度、发车间隔以及站点的实际位置分布，提出公共交通可达性水平测度的优化方式，并在社区生活圈层面进行评价应用。利用 ArcGIS 软件，以上海市杨浦区居住小区为例进行公共交通可达性水平测度，从空间与时间的不同维度分析其特征，结果表明空间圈层上其呈高可达性聚集分布，时间尺度上体现出速度与城市功能的空间匹配。最后对模型在优化城市结构、划定政策区域以及公共服务与商业选址层面的应用前景进行了展望。

【关键词】社区生活圈；可达性；公共交通；轨道交通；居住区

作者简介

王欣宜，男，在读硕士研究生，同济大学建筑与城市规划学院。电子信箱：bjtuwxy@126.com

窦寅，男，在读硕士研究生，同济大学建筑与城市规划学院。电子信箱：1932203@tongji.edu.cn

融合多源数据的常规
公交线网综合评价研究

过利超　侯　佳　李　旭　周　娇

【摘要】智能公交 IC 卡、GPS 定位和移动支付等公交大数据以及手机信令数据均具有连续性好、覆盖面广、动态更新快等特点，合理利用多源数据进行指标挖掘，可以有效推动常规公交线网评价向更多维度、更细颗粒度等方向发展。本文通过融合多源公交大数据和手机信令数据，在对常规公交系统评价指标体系重构的基础上，将评估重心从设施评估向运营评估转移，从而精准把握公交系统供需匹配程度。以公交客流市场为切入点，围绕既有公交客流市场规律与潜在公交客流市场挖掘两个维度，构建了公交客流市场分析的基本框架，从而支撑公交线网调整优化方案决策。最后，以南京市江宁区为例进行了应用研究。

【关键词】评价指标；公交客流市场；公交线网；公交大数据；手机信令

作者简介

过利超，男，博士，南京市城市与交通规划设计研究院股份有限公司，工程师。电子信箱：290080567@qq.com

侯佳，女，博士，南京市城市与交通规划设计研究院股份有限公司，工程师。电子信箱：423637612@qq.com

李旭，女，硕士，南京市城市与交通规划设计研究院股份有限公司，工程师。电子信箱：654664117@qq.com

周娇，女，硕士，南京市城市与交通规划设计研究院股份有限公司，高级工程师。电子信箱：625293699@qq.com

基于人行道 PM2.5 暴露
分析的街道环境优化研究

刘　冰　徐逸菁　王舸洋　谢俊民

【摘要】步行是重要的体力出行活动，街道微环境空气质量对步行者的呼吸健康影响十分显著。研究以上海鞍山新村街区为例，利用移动传感设备采集细颗粒物 PM2.5 的浓度数据，考察人行道污染物浓度分布状况，进一步结合风环境模拟软件进行街道微环境的空气污染扩散模拟，重点剖析步行主通道——苏家屯路绿道的较高暴露浓度现象。研究发现，人行道 PM2.5 浓度受到周边气象条件、街区建成环境、街谷空间形态和机动交通量等因素的叠加影响。在气象环境一定时，空间尺度接近的支路，交通量越大 PM2.5 浓度越高；街谷形态越开放，越利于污染物扩散，PM2.5 浓度相应降低。反之，通风条件不利的街道，即使交通量少和绿化多，PM2.5 浓度仍处于相对高的水平，说明人行道 PM2.5 浓度不完全取决于沿线交通量大小和自身绿化水平。基于上述结论，研究提出了呼吸健康导向的街道环境优化建议，认为除了机动交通限流、绿化提升等措施，应重视高密度地区人行道的风环境改善，通过优化风廊设计和加强污染物扩散来减少行人 PM2.5 暴露风险。

【关键词】PM2.5；风环境；街道空间；计算流体力学

作者简介

刘冰，女，博士，同济大学建筑与城市规划学院，教授。电子信箱：liubing1239@tongji.edu.cn

徐逸菁，女，硕士，上海市发展改革研究院，助理规划师。

电子信箱：763159849@qq.com

王舸洋，男，硕士，上海同济城市规划设计研究院，助理规划师。电子信箱：596818874@qq.com

谢俊民，男，博士，同济大学建筑与城市规划学院，副教授。电子信箱：chunming@tongji.edu.cn

基金项目

国家自然科学基金项目"基于呼吸暴露的体力型出行活动模式、影响机制与规划应对研究——以上海为例"（51778433）；

国家自然科学基金项目名"多尺度建成环境下的公共自行车使用特征、行为机制与绿色导向策略"（51378360）。

新城建中现代绿色交通建设举措建议

王 涛 曹国华 王树盛

【摘要】绿色交通对于践行新时期绿色发展理念有重要意义，文章分析了新城建背景，从政策体系建设、空间环境建设、设施体系建设、交通结构优化、建设材料与工艺使用等方面提出交通设施建设框架，最后从构建绿色交通导向的国土空间布局、持续推进公交优先等十个方面提炼新城建背景下绿色交通建设的主要抓手。

【关键词】新城建；绿色交通；街道空间；绿道网络

作者简介

王涛，男，硕士，江苏省规划设计集团，高级工程师。电子信箱：303559326@qq.com

曹国华，男，博士，江苏省规划设计集团，研究员级高级工程师。电子信箱：1150120692@qq.com

王树盛，男，博士，江苏省规划设计集团，研究员级高级工程师。电子信箱：43284326@qq.com

新时期城市群重点廊道
中间城市交通规划思考

——以天津武清区为例

原　涛　张庆瑜　李河江

【摘要】在交通强国、区域协同、国土空间规划等国家、区域重大战略和空间规划体系变革下，城市综合交通规划编制面临新要求及战略转变。本文以位于京津冀城市群京津发展主轴上的武清区为例，充分分析城市群重点发展廊道上的中间城市交通特征、面临问题以及成因，以"廊道+枢纽+网络"模式分城际、城乡、城区不同空间层次整合内外交通设施作为中间城市综合交通规划的基本思路，提出促进由廊道中间城市向城市群枢纽城市提升、构建满足多元空间可达的全域交通体系，及打造品质绿行的城区交通的规划要点，可作为各城市群相同类型城市综合交通规划的借鉴。

【关键词】城市群；中间城市；国土空间规划；综合交通规划

作者简介

原涛，女，硕士，天津市城市规划设计研究总院有限公司，正高级工程师。电子信箱：153775646@qq.com

张庆瑜，女，硕士，天津市城市规划设计研究总院有限公司，工程师。电子信箱：153775646@qq.com

李河江，男，硕士，天津市城市规划设计研究总院有限公司，高级工程师。电子信箱：153775646@qq.com

儿童友好型街道设计研究

——以北京紫竹院为例

赵 亮　郑舒文　姚雨昕　张鹤鸣　张 一　郑含蓓

【摘要】自联合国儿童基金会发起"儿童友好型城市"活动倡议以来，儿童友好已经逐渐成为当下城市建设中的热门话题。满足儿童和家长多样化的出行需求，为儿童构建安全、舒适、趣味的街道空间，既是对儿童群体人文关怀的具体表现，也是城市存量更新、提质增效的基本要求。本文从安全性、舒适性、趣味性三个方面出发，采用调研访谈、GIS 分析等多种方法对北京紫竹院街道南长河两岸片区进行儿童友好性调研评估，据此进行紫竹院儿童友好型街道空间改造的方案设计，并进一步提出儿童友好型街道空间的设计框架。研究将儿童友好型街道设计落实到场地层面，提出具体设计策略，为不同城市片区的儿童友好型街道改造设计提供了启发和参考。

【关键词】儿童友好；街道设计；安全街道；舒适街道；趣味街道

作者简介

赵亮，男，博士，清华大学，副教授。电子信箱：zhaoliang@tsinghua.edu.cn

郑舒文，男，本科，清华大学。电子信箱：1505858604@qq.com

姚雨昕，女，本科，清华大学。电子信箱：949096316@qq.com

张鹤鸣，男，本科，清华大学。电子信箱：zhanghm18@mails. tsinghua.edu.cn

张一，男，本科，清华大学。电子信箱：987559686@qq.com

郑含蓓，女，本科，清华大学。电子信箱：782890529@qq. com

02 交通规划与实践

分散型城市旅游景区交通规划研究

——以重庆磁器口大景区为例

徐 上 张 涵

【摘要】随着全域旅游的发展以及短视频等自媒体对旅游的助推，近些年我国城市景区客流大幅增长，带来了景区拥挤、交通拥堵、出行困难等问题。本文以重庆磁器口大景区综合交通提升为例，分析总结了分散型城市景区面临的交通突出问题，按照景城融合、成片打造、以人为本、综合运营的规划理念，从分流过境交通、步行漫游交通、发挥轨道支撑、完善设施配套、多景点协同、特色环游交通等方面提出了城市景区的规划策略。通过优化基础设施布局、景区交通一体化运营，软硬结合提升景区交通服务水平和游客出行体验。

【关键词】交通规划；城市景区；分散型景区；交通整治

作者简介

徐上，女，硕士，重庆市沙坪坝区公路养护中心，中级工程师。电子信箱：178755369@qq.com

张涵，女，本科，重庆沙坪坝交通实业总公司，中级工程师。电子信箱：420462744@qq.com

关于曲靖建设国家级综合交通枢纽城市的思考

张凤霖　李乐园　胡　沛　曹　钰

【摘要】面临区域交通向网络化、立体式演进的发展态势，依托区域通道发展的节点城市在区域交通网络中的地位呈弱化趋势。针对新时期如何实现曲靖建设国家级交通枢纽的发展定位，本文基于对国家级交通枢纽城市内涵的解析，分析曲靖综合交通发展基础与构建国家级交通枢纽城市的差距，以"国家级综合交通枢纽、云南省门户枢纽城市"为目标，从与昆明组合共建内外开放的区域综合交通枢纽、打造通道交汇上的曲靖"十字"枢纽、统筹推进区域互联互通基础设施建设三方面提出战略对策，强化其在区域交通组织中功能及枢纽地位，以交通支撑曲靖城市高质量发展。

【关键词】国家级综合交通枢纽；曲靖；综合交通体系

作者简介

张凤霖，男，硕士，天津市城市规划设计研究总院有限公司，高级工程师。电子信箱：393961212@qq.com

李乐园，男，硕士，天津市城市规划设计研究总院有限公司，高级工程师。电子信箱：393961212@qq.com

胡沛，男，硕士，天津市城市规划设计研究总院有限公司，助理工程师。电子信箱：393961212@qq.com

曹钰，女，硕士，天津市城市规划设计研究总院有限公司，助理工程师。电子信箱：393961212@qq.com

人车分离交通规划方法研究

——以张家港高铁新城为例

韩林宁

【摘要】人车分离交通规划在保障行人通行安全、改善城市交通运行效率、拓展城市空间、提升城市节点品质等方面具有重要的作用。在对人车分离概念进行阐述的基础上，本文提出常见的人车分离交通组织模式及交通协调方法，并以张家港高铁新城为例，提出了一种人车分离交通规划方案，通过道路下穿以及组织慢行专用路，实现地块的慢行化改造。方案提出了人车分离交通规划的重点要素，包括地下道路、慢行专用路、小汽车禁入节点、地块出入口设置、过街设施、公交衔接等，体现了以人为本的设计理念，以期为城市居民营造出舒适、安全、友好的步行环境。

【关键词】人车分离；交通组织；慢行专用路；步行友好

作者简介

韩林宁，男，硕士，江苏省规划设计集团有限公司交通规划与工程设计院，工程师。电子信箱：842062436@qq.com

"双循环"发展格局下西部地区陆港交通发展研究

——以新疆和田策勒陆港为例

安　斌　周佳玮　于伟巍　徐　志

【摘要】以"一带一路"合作发展为目标，在国内、国际"双循环"格局背景下，需要积极推动产业升级转移、内陆城市——沿海地区联动发展、区域交通一体化进程，培育地区新的经济增长点。陆港作为沿海城市的内陆战略支点，是国内主体市场的重要腹地，也是对外市场的关键窗口。新疆作为全国交通强国建设第一批试点单位之一，应当充分发挥试点的示范引领作用。为落实国家新时代推进西部大开发工作部署，支援南疆地区稳定发展，以在建的和若铁路为依托，以和田策勒工业园为基础平台，通过现有条件评价、未来发展趋势研判、相关典型案例研究等方面进行深入分析，规划建设策勒国际陆港是十分必要的。规划在陆港交通发展模式、货运功能布局、道路交通衔接、物流运输策略等层面给予指引，对推动南疆地区社会稳定和长治久安目标具有重要意义。

【关键词】一带一路；双循环；陆港；货运物流

作者简介

安斌，男，硕士，天津市城市规划设计研究总院有限公司，工程师。电子信箱：18502679714@163.com

周佳玮，女，硕士，天津市城市规划设计研究总院有限公司，工程师。电子信箱：820051768@qq.com

于伟巍，女，硕士，天津市城市规划设计研究总院有限公司，规划师。电子信箱：18622131206@163.com

徐志，男，博士，天津市城市规划设计研究总院有限公司，高级工程师。电子信箱：15822395559@163.com

郑州都市圈综合交通发展策略研究

张菁菁　龙志刚

【摘要】都市圈是城市群内部以 1 小时通勤圈为基本范围形成的区域，是带动城市群发展的增长极，也是支撑引领城市群在更高层次上参与全球竞争的核心平台。2016 年，国家发改委发布的《中原城市群发展规划》中首次正式提出郑州都市圈的概念，郑州都市圈建设由此开启。作为区域发展的"先行官"，交通既是重要保障，也是重点抓手。本文在分析研究郑州都市圈交通发展现状及问题、总结梳理国内外都市圈综合交通发展经验的基础上，采用 PESTEL 模型对郑州都市圈综合交通发展环境进行了综合研判。最后，从顶层设计、交通网络、枢纽建设、运输服务和机制体制等方面提出郑州都市圈交通建设发展的策略，以期为郑州都市圈以及国内其他都市圈交通发展和规划建设提供参考。

【关键词】都市圈；郑州都市圈；综合交通；发展策略；经验借鉴

作者简介

张菁菁，女，硕士，河南省交通规划设计研究院股份有限公司，高级工程师。电子信箱：408527334@qq.com

龙志刚，男，本科，河南省交通规划设计研究院股份有限公司，河南省交通运输战略发展研究院院长，教授级高级工程师。电子信箱：408527334@qq.com

都市圈建设背景下的郑州
都市圈交通发展研究

张菁菁　　龙志刚

【摘要】2019 年，国家发改委发布《关于培育发展现代化都市圈的指导意见》，我国城镇化由此正式步入都市圈时代。随着河南"三区一群"国家战略的密集叠加和集成联动，郑州都市圈地位和实力持续提升，已成为中原城市群中经济实力最强、发展速度最快的区域。本文在培育发展都市圈的背景下，根据国家战略要求和郑州都市圈功能定位，总结并分析了郑州都市圈交通发展基础和存在问题，探讨了郑州都市圈交通发展的总体思路、发展目标和重点发展方向，并提出发展对策。一是以现代综合交通枢纽体系扩大对外开放合作，二是以高效通达的综合运输网络支撑一体化发展，三是以绿色生态的沿黄跨黄通道助力黄河流域生态保护和高质量发展，四是以普惠共享的运输服务促进同城化发展，五是以协同高效的管理机制推进区域交通共建共治。

【关键词】都市圈；郑州都市圈；交通发展；交通一体化；综合交通

作者简介

张菁菁，女，硕士，河南省交通规划设计研究院股份有限公司，高级工程师。电子信箱：408527334@qq.com

龙志刚，男，本科，河南省交通规划设计研究院股份有限公司，河南省交通运输战略发展研究院院长，教授级高级工程师。电子信箱：408527334@qq.com

广州市第二中央商务区交通规划策略研究

熊思敏

【摘要】随着全球经济形态变迁，国际先进地区纷纷开始从中央商务区（Central Business District，CBD）转向中央活力区（Central Activities Zone，CAZ）的发展理念，广州第二中央商务区的发展理念也与全球趋势一致，因此需要充分借鉴国内外CAZ 地区的发展经验，打造适合广州第二中央商务区的交通系统。本文通过分析新兴 CBD/CAZ 地区的发展特征，借鉴金丝雀码头的交通规划理念，提出了广州第二中央商务区的交通规划理念和策略。研究结果表明，CAZ 地区应从人的体验出发，强调对外直连直通、绿色交通引领、人性化尺度、高质量交通服务等发展理念，将交通空间与城市空间充分融合，注重交通服务和交通品质，提升对多元人才的吸引力。

【关键词】中央商务区；中央活力区；交通规划策略；绿色交通；空间融合

作者简介

熊思敏，女，硕士，广州市城市规划勘测设计研究院，工程师。电子信箱：231507620@qq.com

片区型综合交通枢纽的规划探索研究

李　超　蔡燕飞

【摘要】随着我国轨道时代的到来，各大城市轨道交通建设步伐加快，线网规模逐步扩大，线路换乘关系日趋复杂，城市综合交通枢纽的类型也日趋丰富。目前多数已建成的综合交通枢纽规模相对较大，承担着一个城市的主要对外联络功能，相关研究也更加关注大型枢纽的安全、流线互不干扰等问题。片区型综合交通枢纽作为以城市片区服务为主的交通换乘集散中心，在轨道集散需求上与传统的大型枢纽表现出差异化的特征，因此需针对其自身特点，因地制宜打造高质量的设施布局。本文详细总结了片区型综合交通枢纽的主要特征及发展重点，并以深圳清水河枢纽为例，针对其自身的客流特征需求，围绕"以人为本，服务为上"的理念，提出实现枢纽快速化、便捷化、轻量化的组织服务，为该类型枢纽规划设计提供借鉴参考。

【关键词】片区枢纽；人本服务；轻量化设计

作者简介

李超，男，硕士，中国城市规划设计研究院深圳分院，助理工程师。电子信箱：442301484@qq.com

蔡燕飞，女，硕士，中国城市规划设计研究院深圳分院，主任规划师，高级工程师。电子信箱：cyf_86@qq.com

交通规划在市级国土空间规划中的新实践

【摘要】市级国土空间总体规划下的交通体系规划相较于传统的综合交通规划已出现较大的差异。本文以自然资源部印发的《市级国土空间总体规划编制指南（试行）》为依据，从发展思路、规划范围、成果形式、分析手段等多个方面总结出国土空间规划背景下交通规划策略的变化，并提出了交通体系应达到的新目标及战略思维转型方向，结合广西某市（用 C 市代替）连续两年多的国土空间规划编制实践，归纳、总结了实际工作中交通项目组所遇到的问题与情况，并在一些尚没有统一标准规范的领域内进行了有益的尝试，对国土空间规划改革中交通体系的工作价值进行了深入的思考与探索。

【关键词】市级国土空间规划；综合交通体系；编制指南；实践工作

作者简介

李超，男，硕士，中国城市规划设计研究院深圳分院，助理工程师。电子信箱：442301484@qq.com

赵连彦，女，硕士，中国城市规划设计研究院深圳分院，工程师。电子信箱：781785569@qq.com

城市更新背景下的交通规划

——以湖贝项目为例

刘　琛　梁馨元　龚兆晴　卢秋杉

【摘要】"十四五"规划纲要中明确提出推进以人为核心的新型城镇建设，实施城市更新行动，推动城市空间结构空间优化和品质提升。当前在 TOD 模式引领下的城市更新成为城市交通规划领域中的热点议题。本文率先总结目前国内外区域交通优化的理论方法及项目经验，而后分析在建的深圳湖贝城市更新项目的经验。总结出推动以人为本、注重公交先行、释放街道活力、打造畅行车行路网以及构筑立体车行人行的交通优化方案，以期用交通优化带动城市更新。

【关键词】城市更新；交通规划；TOD；立体交通

作者简介

刘琛，女，硕士，北京交通发展研究院，工程师。电子信箱：liuc@bjtrc.org.cn

梁馨元，女，硕士，广西国土资源规划设计集团有限公司，工程师。电子信箱：liangxinyuan@gxgtghy.com

龚兆晴，女，硕士，奥雅纳工程咨询（上海）有限公司，工程师。电子信箱：zhao-qing.gong@arup.com

卢秋杉，男，硕士，重庆设计有限公司，工程师。电子信箱：695806394@qq.com

武汉市建设综合交通枢纽
示范城市探索与实践

韩丽飞　孙小丽　王　东　杨曌照

【摘要】为了全面落实武汉市建设综合交通枢纽示范城市的目标，本文依据武汉市城市功能定位，明确将建设航空客货双枢纽、高铁中心、铁水联运、枢纽高效衔接等内容作为综合交通枢纽城市建设目标，从枢纽规划修编、枢纽标准体系、智能化运营、投融资创新以及土地供给政策等方面开展探索性研究，提出协调管理与滚动评估等方面的保障机制，促进上述四个建设目标逐步落实并确定成效，对构建综合交通枢纽城市具有示范效应。

【关键词】综合交通枢纽；示范城市；探索与实践；武汉

作者简介

韩丽飞，男，硕士，武汉市交通发展战略研究院，高级工程师。电子信箱：516916102@qq.com

孙小丽，女，本科，武汉市交通发展战略研究院，正高级工程师。电子信箱：516916102@qq.com

王东，男，本科，武汉市交通发展战略研究院，高级工程师。电子信箱：516916102@qq.com

杨曌照，男，硕士，武汉市交通发展战略研究院，工程师。电子信箱：516916102@qq.com

城市轨道交通线网规划
技术思路回顾与展望

杨少辉

【摘要】我国城市轨道交通发展迅速，大部分线路为最近二十年建成，轨道交通线网规划在其中起到了重要的指导作用。本文在梳理多个城市轨道交通线网规划的基础上，总结出近二十年来我国城市轨道交通线网规划的思路大致可以分为三类：以远景方案为重点、以远期方案为重点、以近期方案为重点。本文系统整理了三种思路的提出背景、技术思路、规划实践和规划效果，三种思路没有优劣之分，都是不同阶段、不同城市结合具体情况的规划探索，且都对城市轨道交通发展起到了有力的引导作用。在对三种思路梳理的基础上，根据国土空间规划的新阶段要求，本文对轨道交通规划未来的发展作了展望。

【关键词】城市轨道交通；轨道交通线网规划；城市总体规划；国土空间规划

作者简介

杨少辉，男，博士，中国城市规划设计研究院，教授级高级工程师。电子信箱：clyysh@163.com

基金项目

中国城市规划设计研究院科技创新基金重点项目"轨道交通与城市发展的协同规律研究"（C-201726）。

城市副中心交通发展策略研究

王新慧　孙靓雯　刘映宏

【摘要】本文以国土空间规划为切入点，研究城市副中心的城市定位与交通发展间的融合关系，提出适合城市副中心发展定位的交通发展策略。以武汉市南湖城市副中心为例，在城市设计阶段开展区域交通发展策略研究，制定与城市副中心功能、定位、性质相匹配的交通发展目标及策略。针对南湖发展的主要矛盾，提出对外构建高效、快捷的"双快"交通体系；对内以绿色、低碳为交通发展目标，引入交通枢纽与公共建筑一体化的规划理念，围绕枢纽布局高品质、慢行友好的立体慢行交通体系，提升绿色交通的竞争力，实现对外便捷、对内舒适低碳的规划愿景。

【关键词】国土空间规划；交通发展战略；城市设计；小街区；密路网；轨道交通

作者简介

王新慧，女，硕士，武汉市交通发展战略研究院，中级工程师。电子信箱：1127486686@126.com

孙靓雯，女，硕士，武汉市交通规划设计有限公司，中级工程师。电子信箱：165593542@qq.com

刘映宏，女，硕士，武汉市交通发展战略研究院，助理工程师。电子信箱：975463205@qq.com

都市圈一体化背景下苏南县级节点交通发展转型思考

——以江阴为例

王　爽　饶秋丽　王泽华

【摘要】交通一体化是都市圈一体化的基础，苏南地区是长三角的核心区域，在长三角一体化向纵深推进的背景下，苏南地区县级节点在区域协作中需要依托交通更好地融入毗邻的中心城市。江阴是偏离沪宁交通主轴的县级节点城市，研究如何发挥苏锡常都市圈中几何中心的区位优势，实现传统的公路、水运为主的交通体系向公铁水综合立体交通转型发展，参与上海、南京两大都市圈协作，可为苏南地区县级节点城市在都市圈一体化背景下的交通转型提供参考。本文从江阴市现状交通发展特征着手，通过类比分析、交通需求分析等研究方法，剖析典型苏南县级节点在都市圈一体化背景下的未来交通发展的趋势和挑战，提出跨区域通勤、商务和生活出行将持续增长，运输特征将出现多点网络化和多方式融合化的判断。据此趋势，本文提出五点转型策略：一是重塑复合枢纽，提升城市核心竞争力；二是加速区域融合，拓展网络辐射力；三是优化联程联运，提升人民满意度；四是注重智慧引领，打造高效数字交通；五是强调创新人文，优化交通治理能力。

【关键词】都市圈；县级节点；交通发展转型

作者简介

王爽，女，硕士，华设设计集团股份有限公司，工程师。电

子信箱：1184824664@qq.com

饶秋丽，女，硕士，华设设计集团股份有限公司，高级工程师。电子信箱：83976413@qq.com

王泽华，男，硕士，华设设计集团股份有限公司，助理工程师。电子信箱：793997159@qq.com

基于绿色理念的城市交通规划

——以重庆东部生态城为例

陈彩媛　周　扬

【摘要】坚持绿色交通规划理念是生态文明建设背景下的必然选择。本文以重庆东部生态城为例，探讨绿色交通规划策略：一是 TOD 综合开发指引，强调交通与用地协调发展，从本源上集约、高效利用土地，减少交通出行总量；二是绿色交通体系构建，重点打造以"公交+慢行"为主体的绿色交通系统，从效率上提高道路通行能力，减少交通碳排放总量；三是绿色出行政策探讨，考虑适用于重庆东部生态城的交通管理政策，全面提升绿色出行的管理水平以及出行者的环保意识，加强绿色出行保障，提高绿色出行水平。

【关键词】绿色交通；交通与土地利用；低碳交通政策；生态城

作者简介

陈彩媛，女，硕士，中国城市规划设计研究院西部分院，高级工程师。电子信箱：381218194@qq.com

周扬，女，硕士，中国城市规划设计研究院西部分院，工程师。电子信箱：704398096@qq.com

以沪为鉴，西安如何发展新城交通

黄欣然　朱　凯

【摘要】本文以上海市发布的《上海市新城规划建设导则》为引，一方面回顾了"新城"在城市发展历程中的概念演进，另一方面结合我国城镇化进程，新城应当践行新的规划理念，规避由于城市规划、交通规划前瞻性不足而造成的一系列城市问题。对于交通系统而言，新城的根本需求是"高效"。结合国内外新城在交通规划中的经验，以及《导则》中提出的观点，新城的交通规划理念可以从对外联系、枢纽地位、公交系统、慢行品质、智慧出行五个层面进行解读。而对于以西安市为核心的关中平原城市群而言，这五个层面虽然在规划时都进行了考量，但向下落实的过程中仍存在诸多问题。借鉴《导则》，本文提出后续规划工作中需要进一步落实的工作，指导关中平原城市群交通系统的发展，也是交通规划工作者必须完成的任务。

【关键词】新城；交通规划；关中平原城市群

作者简介

黄欣然，男，硕士，西安市城市规划设计研究院，工程师。电子信箱：489653249@qq.com

朱凯，男，硕士，西安市城市规划设计研究院，高级工程师。电子信箱：10875829@qq.com

存量地区交通规划探索

——以广州市为例

陶钧宁　陈丙秋　赵国锋

【摘要】城市更新近几年来逐渐成为城市发展热点话题，同时各大城市在探索的过程中又发现诸多问题，特别是伴随整个发展阶段出现的大城市病，其中又以交通问题最为突出。国土空间规划探索阶段，国家在"十四五"规划中提出实施城市更新行动，广州交通发展将迎来深刻变革。本文结合广州各类城市更新模式下的典型交通项目，基于现状存在问题，分析城市更新中面临的机遇与挑战，接着从宏观、中观、微观三个尺度探索开展城市更新中交通规划策略研究，并从政策文件中梳理出五个交通发展与城市更新相协同的规划保障手段。本文为同类研究提供参考的同时，指出城市更新中交通与其他各部门的协同仍有提升空间，应当从全周期管理的角度深化协同机制的研究。

【关键词】国土空间规划；交通规划；城市更新

作者简介

陶钧宁，男，本科，广州市交通规划研究院，助理工程师。电子信箱：14274059@bjtu.edu.cn

陈丙秋，女，硕士，广州市规划和自然资源局，处长，高级工程师。电子信箱：984427735@qq.com

赵国锋，男，硕士，广州市交通规划研究院，所长，正高级工程师。电子信箱：33019427@qq.com

国土空间规划交通年度体检指标体系研究

缪江华　任俊达

【摘要】交通年度体检工作是城市国土空间规划城市体检重要专题之一，是对国土空间规划交通实施工作的反馈与修正。本文首先分析了国土空间规划城市体检交通指标体系的局限性，提出了年度体检指标构建原则，并结合广州城市发展目标要求及本地特点，选取现行体检评估基本指标外的地方特色指标；同时从增强交通与城市空间、用地协调方面体检监测的角度出发，新增"协调"维度的相关指标及丰富"绿色""共享"等维度指标，最后建立了广州国土空间规划交通年度体检指标体系，以期为其他城市国土空间规划交通体检评估提供思路。

【关键词】国土空间规划；年度体检；交通指标

作者简介

缪江华，男，硕士，广州市交通规划研究院，高级工程师。电子信箱：450417422@qq.com

任俊达，男，本科，广州市交通规划研究院，工程师。电子信箱：526858213@qq.com

大湾区一体化背景下的城市
干线路网布局调整规划研究

——以东莞市为例

李占山　夏国栋

【摘要】在粤港澳大湾区一体化协同发展背景下，本文对东莞市干线路网布局调整规划进行探索和反思。首先，结合城市空间与用地开发演变历程，剖析当前交通发展面临的问题；其次，借鉴国际大湾区发展经验对交通需求演变趋势进行研判；再次，从空间布局、功能组织、需求管控、工程实施等角度提出相应规划目标和策略；最后，从规划管控、交通品质、智慧提升等方面提出相关建议。

【关键词】区域道路一体化；干线路网；路网结构

作者简介

李占山，男，本科，深圳市城市规划设计研究中心股份有限公司，工程师。电子信箱：237122715@qq.com

夏国栋，男，硕士，深圳市城市规划设计研究中心股份有限公司，高级工程师。电子信箱：xgd@sutpc.com

基金项目

国家自然科学基金委员会"基于大数据的智慧交通基础理论与关键技术"（2019-Nat-001-NSFC）。

城市轨道交通建设规划调整实践与思考

黄靖翔　王　晓　龙俊仁

【摘要】城市轨道交通建设规划期限一般在5～6年，而城市发展过程中往往出现新的变化，需要及时对已批复的建设规划进行调整。本文梳理了国家政策文件对城市轨道交通建设规划的要求，总结了建设规划调整的原因及遵循原则；以深圳市城市轨道交通第四期建设规划调整为例，详细分析深圳市调整建设规划背后的原因和思路；提出了建设规划调整在申报要求、分类论述和财政分析等方面的具体思考，以期为其他城市编制建设规划调整提供借鉴。

【关键词】城市轨道交通；建设规划；编制思考；深圳市

作者简介

黄靖翔，男，硕士，深圳市城市交通规划设计研究中心股份有限公司，助理级工程师。电子信箱：huangjx@sutpc.com

王晓，男，硕士，深圳市城市交通规划设计研究中心股份有限公司，高级工程师。电子信箱：wangxiao@sutpc.com

龙俊仁，男，硕士，深圳市城市交通规划设计研究中心股份有限公司，高级工程师。电子信箱：ljr@sutpc.com

粤港澳大湾区城际铁路发展
新形势、新要求和新思路

李 威 王 晓

【摘要】粤港澳大湾区城际铁路经过 20 年发展，实现了由珠三角"单中心"向大湾区"多中心"、网络化的转变。大湾区城际高频人员流动体现了城市之间经济、社会等的联系强度，城际铁路是城际高频出行的支撑条件。本文通过回顾粤港澳大湾区城际铁路发展，总结大湾区城际铁路发展特征，结合城际铁路面临的新形势和新要求，从规划、设计、建设、投融资、运营、体制机制等各环节入手，提出粤港澳大湾区城际铁路发展新思路，为大湾区城际铁路更深层次的研究提供方向指引。

【关键词】城际铁路；多网融合；高质量发展；体制机制

作者简介

李威，男，硕士，深圳市城市交通规划设计研究中心股份有限公司，工程师。电子信箱：709807771@qq.com

王晓，男，硕士，深圳市城市交通规划设计研究中心股份有限公司，高级工程师。电子信箱：wangxiao@sutpc.com

"互联网+物流"背景下的
城市物流空间体系研究

高　奖　刘益昶　吴框框

【摘要】传统的城市规划或交通规划主要基于制造业物流而开展物流设施布局，物流空间体系严格按金字塔形建立。面向高品质、高时效要求的生活性物流服务需求，原有的物流空间体系布局理念已经不适应未来发展要求。本文分析"互联网+"技术对物流枢纽功能、城市配送体系、物流用地需求等方面的影响，以杭州为例，构建了"互联网+物流"背景下的城市物流空间体系和城市配送体系。

【关键词】"互联网+"；物流；物流空间体系

作者简介

高奖，男，硕士，杭州市规划设计研究院，高级工程师。电子信箱：30335618@qq.com

刘益昶，男，硕士，杭州市规划设计研究院，助理工程师。电子信箱：396857820@qq.com

吴框框，男，硕士，杭州市规划设计研究院，助理工程师。电子信箱：474211010@qq.com

高质量发展背景下北京城市
副中心交通规划实施路径研究

徐铮鸣 张 鑫

【摘要】交通系统作为引导城市发展和保障城市运行的重要支撑，其规划实施是一个长期的过程。本文以北京城市副中心为例，探索"蓝图型规划"向"路径型规划"转变的规划实施模式，遵循宏观层面把控目标、中观层面落实方案、微观层面导则管控的原则，总结出一套高质量发展背景下城市交通规划实施的路径。该路径涉及技术、组织和政策的多维度组合，突出交通引领和综合统筹，并通过具体案例对实施方法进行验证，可以为其他城市或地区的交通实施规划提供借鉴和参考。

【关键词】高质量；交通规划实施；北京城市副中心

作者简介

徐铮鸣，男，本科，北京市城市规划设计研究院，教授级高级工程师。电子信箱：xzmxy@126.com

张鑫，男，硕士，北京市城市规划设计研究院，交通规划所主任工程师，教授级高级工程师。电子信箱：31917563@qq.com

杭州西部中小型高铁
枢纽站区交通规划探讨

何丹恒　鲁亚晨　张　弢　吴炜光

【摘要】随着长三角多层次铁路网建设，越来越多的中小城市、区县实现了高铁通达，不再完全依赖中心城区主枢纽。小城市高铁枢纽在带动地方经济发展的同时，也出现枢纽空间与城市空间难以契合、设施布局模式单一、产业功能趋同等问题。本文通过对杭温铁路富阳西站、桐庐东站两个能级与区位相近的车站的分析，总结拥有多个高铁枢纽的中小城市在枢纽区交通规划过程中的普遍问题，提出如何结合自身特色明确功能定位和发展规模，制定更具针对性的设计策略。

【关键词】高铁枢纽；中小城市；站区交通规划；景城融合

作者简介

何丹恒，男，硕士，杭州市规划设计研究院，工程师。电子信箱：jameshdh@163.com

鲁亚晨，男，硕士，杭州市规划设计研究院，高级工程师。电子信箱：719991715@qq.com

张弢，男，硕士，杭州市规划设计研究院，高级工程师。电子信箱：43892937@qq.com

吴炜光，男，硕士，杭州市规划设计研究院，助力工程师。电子信箱：522497807@qq.com

次级城市边缘化区位破解对策

郝　媛　于　鹏　徐天东

【摘要】高铁网络在改善城市对外连通性的同时，也在一定程度上加剧了城市之间交通区位的差距，不少次级城市由于城市规模、经济水平等因素的限制呈现被边缘化态势。本文以位于高铁网络三角形心的六盘水市、固原市以及紧邻特大城市西安的咸阳市为例，分析了这些城市在高铁网络化背景下的现实困境以及改善交通区位条件的机遇，并针对其各自的情况提出了破解边缘化区位的措施。首先，通过补充城际铁路线路实现与国家高铁骨干网络的互联互通是改善边缘化区位的最佳对策；其次，积极利用区域规划或改造铁路优化城市铁路枢纽布局，从而拓展既有铁路枢纽联系方向，加强与既有通道的联系；最后，若当前两项都无法实现，对原铁路通道进行提速改造也能够改善城市对外联系条件。

【关键词】次级城市；边缘化；互联互通；链接；提速

作者简介

郝媛，女，博士，中国城市规划设计研究院，正高级工程师。电子信箱：277712368@qq.com

于鹏，男，硕士，中国城市规划设计研究院，高级工程师。电子信箱：345959341@qq.com

徐天东，男，博士，美国佛罗里达大学，教授。电子信箱：tdxu2008@gmail.com

基于国土空间平台的地下交通设施协同规划研究

于星涛

【摘要】本文以国土空间体系下的城市地下交通设施为研究对象，按照从定性到定量综合集成方法论，在对国土空间和地下交通设施系统深入研究的基础上，分析可持续性发展框架下地下交通设施规划的类型、过程、协同及整合逻辑，总体上分为静态分布、动态流动两个层面的要素组织关系。本文基于国土空间平台提出地下交通设施协同规划方法和路径，并从三个层面开展关键技术研究：①宏观管控层面，研究提出国土空间规划全域、全要素框架下，生态优先的城市地下交通设施的耦合性规划和综合性布局；②中观优化层面，面向国土空间平台，提出基于综合敏感性的地下交通廊道优化和管控方法；③实施导引层面，提出国土空间平台下地下交通设施二三维耦合验证模型设想，明确了多元异构数据接口要求和安全互信机制，并提出应用方向。

【关键词】国土空间平台；地下交通设施；综合敏感性；协同规划

作者简介

于星涛，男，硕士，同济大学道路交通工程重点实验室，济南市规划设计研究院，副总，高级工程师。电子信箱：yxtvip@126.com

"高质量、共富裕"背景下城市
融合区的交通发展思路

——以杭州大城北地区为例

陈小利　　周　航

【摘要】在浙江省"高质量、共富裕"示范区的发展背景下，城市核心区与外围功能板块之间的融合、一体化发展需求愈加强烈。但受制于城市各种空间资源、设施资源的有限分配，外围融合发展区的短板问题往往更为突出。本文以杭州大城北地区为例，将问题导向和目标导向相结合，着眼交通与城市空间、用地的良性互动关系，提出要从空间和用地布局的深层次入手，强化外围融合发展区的连绵区功能。通过外围融合区反磁力中心功能的打造，来避免核心区的交通压力问题。同时要配套区域协同、多模式交通系统构建、分级路网疏解等发展策略，促进区域的高质量一体化发展。

【关键词】融合发展区；核心区；空间融合；交通协同

作者简介

陈小利，女，硕士，杭州市规划设计研究院，高级工程师。电子信箱：1825536584@qq.com

周航，女，硕士，杭州市规划设计研究院，工程师。电子信箱：1252846133@qq.com

碳中和背景下城市交通规划思考

李明高　邹盛清　蒋尧天　俞　艇

【摘要】交通领域，尤其是城市交通，是碳排放大户，减少城市交通碳排放是碳中和目标的关键。城市交通规划是城市交通发展的关键，研究碳中和背景下如何开展城市交通规划具有重要意义。本文分析了交通碳排放基本特征，提出了考虑交通拥堵的城市交通碳排放计算方法，探讨了碳中和背景下的城市交通规划要点。研究结果表明，城市交通碳排放量不仅与交通周转量和碳排放因子有关，还与交通拥堵有关，交通拥堵将增加碳排放量。碳中和背景下，城市交通规划核心要考虑如何降低机动车的单位时间交通周转量和向低碳、零碳的交通方式转变，包括注重交通与城市协调发展、引导交通出行模式转变、加强慢行友好交通设施规划建设、大力发展智慧交通、优化路网结构和交通节点、优化货运运输结构等。

【关键词】碳中和；碳排放；城市交通规划；交通拥堵；智慧交通

作者简介

李明高，男，博士，珠海市规划设计研究院，交通分院副总工程师，高级工程师。电子信箱：liminggao1989@126.com

邹盛清，女，硕士，珠海市规划设计研究院，工程师。电子信箱：642447891@qq.com

蒋尧天，男，硕士，珠海市规划设计研究院，工程师。电子信箱：115763731@qq.com

俞艇，男，硕士，珠海市规划设计研究院，工程师。电子信箱：809477100@qq.com

国家综合交通枢纽城市交通关联网络研究

谢 辉

【摘要】本文从铁路和航空两种方式的可达性角度，识别与解析国家综合交通枢纽间交通关联特征，包括关联强度、关联密度、首位关联度和区域集中关联度等基本特征。研究显示：枢纽之间关联强度呈现明显的层级特征，北京、上海始终位于第一层级；国际性枢纽和全国性枢纽的关联密度有所差别，国际性枢纽关联密度明显要高于全国性枢纽关联密度；首位关联度也因铁路和航空方式不同，铁路方式更加注重距离和经济实力的均衡，而航空方式更加关注高层级枢纽；区域集中度也因经济区而异，经济区实力越强，枢纽格局越明显。研究还发现枢纽关联强度层级越高，关联网络密度匹配程度越高，越有可能成为其他枢纽的首位关联，同时也可能成为区域的核心枢纽。

【关键词】综合交通枢纽；交通关联网络；关联强度；关联密度；首位关联度；区域集中度

作者简介

谢辉，男，博士，上海城市综合交通规划科技咨询有限公司，高级工程师。电子信箱：xiehui110@126.com

大数据支撑下基于交通流的城市发展形态识别

宋　程　李彩霞

【摘要】为更好地支撑城市交通基础设施布局规划，形成与城市空间发展相匹配的交通网络，本文提出了一种城市空间发展形态的识别方法。即基于手机信令数据，识别城市人口的职住地分布及出行驻点，获取交通小区级人口就业综合密度与出行OD，通过核密度法识别人口就业的静态聚集形态，并利用交通流判断动态空间联系形态，进而综合识别城市空间发展形态与模式。研究以广东省为例，对 21 个市空间发展形态进行识别，得出以广州为典型代表的单中心放射式、以深圳为代表的带状发展模式、以东莞为代表的多核模式（或组团均衡式），以及以惠州为代表的双核模式等城市典型发展形态。

【关键词】手机信令；交通流；人口就业综合密度；核密度法；城市发展形态

作者简介

宋程，男，硕士，广州市交通规划研究院，高级工程师。电子信箱：510659684@qq.com

李彩霞，女，博士，广州市交通规划研究院，高级工程师。电子信箱：314635769@qq.com

新时期天津市综合交通发展策略研究

周欣荣　崔　扬

【摘要】本文从设施层面总结了天津市综合交通发展成就，结合国家相关战略及国土空间规划背景，明确天津在国际层面需要发挥海空枢纽优势，助力京津冀融入"一带一路"战略；在国家层面需要与京冀共建枢纽群，辐射国家经济发展主轴；在城市群层面需要发挥承接与带动作用，促进京津冀协同发展；在都市圈层面要发挥双城引领作用，促进市域一体化发展；在主城区层面要制定差异化策略，提升双城发展质量；在交通发展模式方面要以人为本。针对不同层次的发展要求提出天津强化海空枢纽区域服务职能，提升天津在国家运输通道的枢纽能级，构建直通京津冀主要城镇的立体综合交通网，依托市域复合交通走廊优化城镇空间格局，完善双城轨道交通覆盖，提升交通出行品质，着力打造智慧、低碳、安全的交通体系。

【关键词】综合交通；国土空间规划；都市圈；城市群；空间结构；枢纽；轨道交通

作者简介

周欣荣，男，硕士，天津市城市规划设计研究总院有限公司，规划四院院长助理，高级工程师。电子信箱：64512795@qq.com

崔扬，男，研究生，天津市城市规划设计研究总院有限公司，规划四院院长，正高级工程师。电子信箱：sakaicy@163.com

站城一体理念下综合轨道枢纽预测实践

卢泰宇　　陈先龙　　刘明敏

【摘要】本文分析和梳理了"站城一体"的基本理念与原则要求，确定综合轨道交通枢纽客流预测宏观与中微观一体化、综合交通运作预测评估的发展方向与功能要求；探讨新的目标下轨道客运枢纽客流预测体系构建要求，针对"站"与"城"各自出行特征分别构建轨道枢纽客流需求预测与周边土地利用客流需求预测，实现预测从全市发送量至枢纽发送量的聚焦，以及枢纽内部及周边多方式交通运作评估；最后以广州市白云枢纽客流预测为例，以全面、精细的数据支持轨道枢纽规划与建设，体现综合轨道枢纽客流预测体系的一体化功能，促进交通空间的塑造与整合。

【关键词】站城一体；轨道枢纽；客流预测；交通运作评估；白云站

作者简介

卢泰宇，男，硕士，广州市交通规划研究院。电子信箱：lutaiyu_traffic@163.com

陈先龙，男，本科，广州市交通规划研究院，副所长，教授级高级工程师。电子信箱：314059@qq.com

刘明敏，男，本科，广州市交通规划研究院，高级工程师。电子信箱：272588209@qq.com

"十四五"期间上海加强交通
精细化管理的相关策略

顾　煜　黄　臻　薛美根

【摘要】"十四五"时期是上海建设具有世界影响力的社会主义现代化国际大都市的关键阶段，上海也正着力城市软实力建设，进一步提升城市能级和城市品质。城市软实力存在于城市文明、城市治理、城市功能等各个层面，综合交通精细化管理是城市治理的重要环节之一，在上海交通存量和增量同步发展阶段起到至关重要的作用。本文回顾了"十三五"期间上海综合交通在各领域精细化管理的实践经验和取得的成效，分析了"十四五"期间发展思路的转变，并提出了进一步提升综合交通精细化管理的发展策略，为新格局下上海综合交通更高质量发展提供有力支撑。

【关键词】综合交通；"十四五"；精细化管理；数字化转型

作者简介

顾煜，男，硕士，上海市城乡建设和交通发展研究院，副总工，高级工程师。电子信箱：18257695@qq.com

黄臻，女，硕士，上海市城乡建设和交通发展研究院，项目主任，高级工程师。电子信箱：nicothuang@126.com

薛美根，男，硕士，上海市城乡建设和交通发展研究院，院长，教授级高级工程师。电子信箱：xuemeigen2013@126.com

新零售发展对城市物流规划的影响与对策

【摘要】现代物流发展日新月异，以新零售为代表的商业模式从空间利用、运输组织、末端配送等多方面影响着城市物流系统。本文通过对新零售典型企业模式的分析，了解其物流空间组织体系和各环节运行特征，识别其对城市规划和物流系统的影响，从城市规划如何保障和适应现代物流系统发展的角度提出具体的对策。本文提出了提高公众对物流环节的认知、加强物流基础数据保障、强化各类规划编制对物流系统的安排、及时修订相关标准等举措，以从制度性、长期性等角度解决城市物流系统发展过程面临的问题。

【关键词】新零售；城市物流；物流规划；物流设施；末端配送

作者简介

张伟，男，硕士，深圳市规划国土发展研究中心，高级工程师。电子信箱：17780662@qq.com

站城融合铁路枢纽地区
公交体系规划方法研究与实践

李晓峰　张　鑫　兰亚京　黄　迪　翁　焱

【摘要】随着我国高速铁路的快速发展，依托高铁车站推进周边区域开发建设是优化整合城市空间结构，促进交通、产业、城镇融合发展的重要举措。北京城市副中心站是北京城市总体规划中十个全国客运枢纽之一，枢纽建成后将形成集城际铁路、市郊铁路、普速铁路、城市轨道、地面公交、小汽车等多层次的交通体系。在站城融合背景下，公交体系规划需同时满足高铁车站、城市开发和轨道交通的接驳需求。本文以北京城市副中心站为例，通过分析枢纽片区各类客群的出行需求，提出多样化、集约化和人性化的公交规划策略，打造多层级的公交线网和多样化的公交服务，集约规划公交场站和分散设置站点，促进地面公交服务水平的提升，降低对小汽车出行的依赖性，推动交通结构向绿色低碳转型。

【关键词】站城融合；出行特征；需求分析；公交接驳

作者简介

李晓峰，男，本科，北京市城市规划设计研究院，高级工程师。电子信箱：13811415580@126.com

张鑫，男，硕士，北京市城市规划设计研究院，主任工程师，教授级高级工程师。电子信箱：bjghy_zhx@163.com

兰亚京，男，硕士，北京市城市规划设计研究院，工程师。电子信箱：526875458@qq.com

黄迪，男，硕士，北京城建设计发展集团股份有限公司，高

级工程师。电子信箱：huangdi1@bjucd.com

翁焱，女，本科，北京城建设计发展集团股份有限公司，工程师。电子信箱：wengyan@bjucd.com

国土空间规划背景下枢纽机场集疏运体系研究

——以珠三角枢纽（广州新）机场为例

廖建奇　罗嘉陵　王琢玉　李健民　刘子玲

【摘要】枢纽机场是综合交通体系的重要组成部分。构建空、铁、陆、水多式联运的综合交通枢纽，是加快构建现代化综合交通运输体系、推动基础设施高质量发展的重要举措。基于枢纽机场功能定位，精细化、差异化规划枢纽机场集疏运体系，并充分与各级国土空间规划衔接，厘清集疏运体系中的交通设施与生态红线、基本农田、城镇开发边界的关系，是交通设施落地强有力的保障和坚实的基础。本文以位于广东省佛山市的珠三角枢纽（广州新）机场为例，在充分分析机场功能定位的基础上，提出了机场集疏运体系的分级及规划方案，并就如何与国土空间规划衔接、如何保障交通设施落地提出了相关建议。

【关键词】枢纽机场；国土空间规划；集疏运体系；生态红线；基本农田；城镇开发边界

作者简介

廖建奇，女，硕士，佛山市城市规划设计研究院，工程师。电子信箱：692986309@qq.com

罗嘉陵，男，硕士，佛山市城市规划设计研究院，助理工程师。电子信箱：1219136621@qq.com

王琢玉，男，硕士，佛山市城市规划设计研究院，副所长，高级工程师。电子信箱：1939577@qq.com

李健民，女，本科，佛山市城市规划设计研究院，院副总工，高级工程师。电子信箱：657541581@qq.com

刘子玲，女，硕士研究生，广州大学。电子信箱：1162167513@qq.com

基于多维视角下的 TOD 分类方法初探

夏小龙

【摘要】以公共交通为导向的开发（Transit Oriented Development，TOD）现已在国内外被广泛应用，可以有效地促进交通与土地利用一体化，对城市可持续发展具有重要意义。但城市不同的地区存在建设条件、规划性质等差异，一种 TOD 模式不能完全适用，有必要对 TOD 进行分级、分类。TOD 分类最常用的"节点—场所"模型在实践中虽进行了更广的拓展，但主要还只是涉及"用地"与"交通"两个维度。本文基于对传统的"节点—场所"模型的实践与思考，提出了面向 TOD 分类的多维度评价方法，并对指标体系构建进行了初步探索，可以为 TOD 分类工作提供参考。

【关键词】TOD；分类方法；多维视角；"节点—场所"模型

作者简介

夏小龙，男，硕士，深圳市城市交通规划设计研究中心股份有限公司。电子信箱：xiaxiaolong@sutpc.com

互联网+物流背景下的
杭州物流空间体系研究

【摘要】互联网技术具有极强的引导性、颠覆性、创新性等特征，"互联网+"也已全面渗透到物流各个领域，对促进整个物流体系革新的作用也极为显著。本文从互联网+物流的新特征、新模式、新业态等维度探究分析了"互联网+物流"的主要表征及发展趋势，并与既有的物流空间规划体系相比较，归纳总结了在"互联网+物流"背景下城市物流枢纽更多元化、城市配送环节更灵活化、末端配送无接触化、物流用地高效化等结论。最后以杭州的物流空间体系为实例，提出了"三级五类"的物流枢纽体系、"非链条式"的城市配送体系，以及"多方式、多结合、多方向"的物流通道的构建思路与方法。

【关键词】互联网+物流；空间体系；物流规划

作者简介

刘益昶，男，硕士，杭州市规划设计研究院，助理工程师。电子信箱：396857820@qq.com

区域轨道交通规划技术体系研究

陈　康

【摘要】在如今的经济形势下，我国区域轨道交通面临着全新的发展机遇，同时也需克服更多困难。为促进区域轨道交通规划建设，本文采用文献资料法、调查法、总结归纳法等，对区域轨道交通规划建设技术体系进行全方位研究，指出如今我国区域轨道交通建设所用模式及其存在的问题，给出发展区域轨道交通应遵循的规律与要求，分析了轨道交通的综合效益，并有针对性地给出整改策略，为区域轨道交通规划建设技术体系的建设与完善提供有效意见。本文创设性地提出区域轨道交通发展不应独立于城市轨道交通建设，而是要实现产站城一体化建设，此外还提出要加强信息化建设、协调城际铁路多行政主体等策略，具有较高的实用价值和推广价值。

【关键词】区域轨道交通；规划建设；技术体系

作者简介

陈康，男，硕士，重庆市交通规划研究院，助理工程师。电子信箱：973657307@qq.com

沈阳市综合交通规划指标体系研究

常燕燕 刘 威 李绍岩

【摘要】综合交通评估指标是城市交通发展目标的定量表征，是城市交通建设、管理工作落实的重要绩效指标。本文首先结合正在开展的沈阳市国土空间总体规划交通专项规划、综合立体交通网规划、"十四五"综合交通发展规划等一系列规划，对既有交通评价指标体系进行评估；其次，解读国土空间规划、城市体检、综合立体交通规划等上位规划对交通评价指标的要求；再次，明确交通指标体系构建原则、评价维度选取思路，提出适应沈阳综合交通发展目标的评价指标体系及计算方法；最后，结合沈阳交通规划战略目标，提出指标体系引导下的沈阳交通发展实施路径，全面适应沈阳国际综合交通枢纽城市、轨道上的城市、绿色低碳宜行城市的发展要求。

【关键词】综合交通规划；交通规划评估指标；国际性综合交通枢纽城市；轨道上的城市；绿色低碳

作者简介

常燕燕，女，硕士，沈阳市规划设计研究院有限公司，高级工程师。电子信箱：49793708@qq.com

刘威，男，硕士，沈阳市规划设计研究院有限公司，教授级高级工程师。电子信箱：49793708@qq.com

李绍岩，男，硕士，沈阳市规划设计研究院有限公司，教授级高级工程师。电子信箱：49793708@qq.com

虹桥国际开放枢纽背景下
虹桥商务区交通发展策略

吉婉欣　杨　晨　朱　洪　陈晓荣

【摘要】虹桥商务区已发展成为承载枢纽、商务、会展等多重功能的高能级区域，随着虹桥国际开放枢纽的建设，虹桥商务区在空间和功能上发生了较大变化。本文结合虹桥开放枢纽建设的要求，分析了未来虹桥商务区交通发展将面临提升国际功能、辐射力、承载力、服务品质四方面的发展要求，提出通过提升与浦东枢纽联系效率提升国际功能，构建"一核"与"两带"差异化交通格局，高效联系嘉、青、松、金等西部城镇带，提升对外辐射力，完善虹桥商务区交通配套，疏解虹桥枢纽功能强化交通承载力，以绿色智慧为重点提升交通服务品质等策略。

【关键词】虹桥国际开放枢纽；虹桥商务区；虹桥枢纽；交通策略

作者简介

吉婉欣，女，硕士，上海市城乡建设和交通发展研究院，工程师。电子信箱：1013368335@qq.com

杨晨，男，博士，上海市城乡建设和交通发展研究院，国际工程师。电子信箱：1013368335@qq.com

朱洪，男，硕士，上海市城乡建设和交通发展研究院，教授级高级工程师。电子信箱：1013368335@qq.com

陈晓荣，女，硕士，上海市城乡建设和交通发展研究院，高级工程师。电子信箱：1013368335@qq.com

城市绿色货运配送体系规划与实践

——以苏州市为例

韩　兵　李　成　郑竞恒

【摘要】城市货运配送是新发展格局下建设现代流通体系的关键环节，也是城市交通的重要组成部分。2017 年年底交通运输部、公安部、商务部组织开展城市绿色货运配送示范工程，将城市绿色货运配送上升为落实国家新型城镇化战略，应对大气污染、交通拥堵问题的重要举措。本文以作为首批示范工程创建城市的苏州市为研究对象，从硬件和软件两个层面构建包括基础设施体系、配送车辆体系、政策及模式体系、信息化体系在内的城市绿色货运配送规划体系，并结合苏州城市特征提出具体规划举措。在规划体系指引下，苏州市"集约、高效、绿色、智能、安全"的绿色城市货运配送服务体系基本形成，新能源配送车辆数在两年内增长了5.3 倍，百吨公里燃料消耗量降低了 19.2%，取得了良好的社会生态经济效益。

【关键词】城市配送；绿色物流；规划体系；苏州市

作者简介

韩兵，男，硕士，苏州规划设计研究院股份有限公司，太仓分公司总经理，高级工程师。电子信箱：349998140@qq.com

李成，男，硕士，苏州规划设计研究院股份有限公司，工程师。电子信箱：chlieng2012@163.com

郑竞恒，男，博士，苏州市交通运输局，工程师。电子信箱：64414381@qq.com

新时期中小城市高铁枢纽
交通发展对策探讨

——以长治市为例

张 辉 黄亚丽 孙 娜

【摘要】随着我国高快速铁路网络不断完善，越来越多的中小城市进入高铁网络版图。反思前一时期围绕高铁站开发的高歌猛进，中小城市不能照搬大城市高铁枢纽及高铁新区的建设模式。中小城市高铁站及周边地区普遍存在配套和特色不足、功能单一的问题，结合高铁网络化下区域联动趋势和高铁站建设的新理念、新要求，本文提出中小城市高铁枢纽开发建设应更加注重区域协同，在高铁走廊中确定自身的特色职能和服务腹地，根据高铁站区域的人群特征探析实现交通设施和出行环境的供给匹配；促进高铁枢纽的复合功能建设和周边地区的协调开发，加强站城功能衔接和交通容量承载，提升片区的出行感受；加强接驳交通的衔接和整合，打造便捷的站前交通，提升中小城市枢纽服务质量。并以长治东站为例，对相关策略进行了展开落实。

【关键词】高铁时代；中小城市；高铁枢纽；发展对策

作者简介

张辉，男，硕士，北京清华同衡规划设计研究院有限公司，高级工程师。电子信箱：zhanghui1@thupdi.com

黄亚丽，女，硕士，北京清华同衡规划设计研究院有限公司，高级工程师。电子信箱：huangyali@thupdi.com

孙娜，女，硕士，北京清华同衡规划设计研究院有限公司，工程师。电子信箱：sunna.jt@thupdi.com

高铁综合交通枢纽接驳设施空间布局研究

路 超

【摘要】高铁综合交通枢纽一般以高铁站为核心，涵盖各类交通方式，在高铁规划建设中对人的使用体验影响最为直接，也对城市综合交通体系、城市空间发展产生巨大影响，各类交通设施在空间布局上的协调统一往往是高铁综合枢纽建设成败的关键。本文研究了高铁综合交通枢纽的历史演变过程、不同历史时期的显著特征、高铁综合交通枢纽不同交通方式的接驳模式和客流特征，分析了高铁各类设施空间布局的特点及效果。最后对研究进行总结，提炼了现阶段高铁综合交通枢纽接驳设施空间布局的关键理念及方法，即一体化布局、公交优先、站城融合。

【关键词】高铁综合交通枢纽；交通接驳；空间布局

作者简介

路超，男，本科，珠海市规划设计研究院，副所长，工程师。电子信箱：379525123@qq.com

市级国土空间总体规划中
交通的新变化与对策

赵洪彬

【摘要】交通规划内容在市级国土空间总体规划中有着重要的作用,两者密不可分。伴随着总体规划的转型,市级国土空间总体规划中的交通规划也发生了巨大变化。研究在国内三个城市国土空间总体规划交通配合的实践工作中,发现本轮交通规划配合工作面临的重要变化有三点:主要工作内容的空间范围从中心城区扩展至全市域;工作成果表达方式从单线变为"交通三线",即设施中线、设计红线和占地线;规划方案的精准程度从传统的"走廊""通道"变为更具可行性的"线位"。应对这些变化,本文从实践中总结出运用相关 GIS 软件、批量转换数据、汇总多源数据、在空间中落实规划方案的对策,对推进目前的市级国土空间总体规划交通工作具有一定的借鉴意义与推广价值。

【关键词】国土空间;交通规划;GIS 分析;交通三线

作者简介

赵洪彬,男,硕士,中国城市规划设计研究院,工程师。电子信箱:ttbeanbean@126.com

03 交通出行与服务

首尔公交都市建设对澳门公交优化的启示

应 梦

【摘要】随着澳门城市的高速扩张与发展，城市交通拥堵问题日益严重，澳门土地工务运输局在 2020 年推出的《澳门特别行政区城市总体规划（2020—2040）》草案中提出要贯彻公交优先原则，大力发展公共交通。国内外城市发展的实践经验证明，优先发展公共交通是缓解交通压力、提高城市韧性和健康可持续的有效方式。目前澳门的交通状况与 2004 年公交改革以前的韩国首尔类似，而公交改革之后的首尔现已成为闻名世界的八大"公交都市"代表之一。本文从澳门公交发展的实际问题出发，通过梳理现有政策、文献资料，从公交体系下的建设方、运行方和使用方三个角度重点分析首尔公交都市发展经验，并基于以上三个角度，对澳门的公交路线体系、公交运行体系及大众交通收费体系提出了优化建议。

【关键词】公交都市；公交优先；澳门；首尔

作者简介

应梦，女，在读硕士研究生，澳门城市大学。电子信箱：u20091120133@cityu.mo

公共交通票制票价对出行
行为影响研究及建议

程　苑　宋素娟

【摘要】合理的公共交通票制票价能够平衡政府、乘客、运营企业三方的需求，并引导乘客选择公共交通，推进实现交通领域的"碳达峰"目标。研究票价变化对乘客出行行为带来的影响，促进票制票价体系合理化发展是十分重要的。本文首先梳理了近几年北京市公共交通票价水平变化、通勤支出占人均可支配收入变化、轨道公交票价比三项特征；其次，结合三次关键节点的出行调查，研究了票价变化对乘客出行行为的影响，重点关注对刚性出行的影响、高峰时段出行的时间弹性、民众对票价调整的接受程度等几个特征；最后，针对目前时间节点提出了完善票制票价系统的建议，可为相关政策的制定提供支撑。

【关键词】票制票制；公共交通；出行行为；票价政策

作者简介

程苑，女，硕士，北京交通发展研究院，工程师。电子信箱：chengwowo@126.com

宋素娟，女，硕士，北京交通发展研究院，工程师。电子信箱：chengwowo@126.com

基于刷卡数据的老年人公交
出行特征分析及策略研究

——以哈尔滨为例

单博文　罗煦夕

【摘要】在新时代背景下，面对哈尔滨市人口出现紧缩化的趋势以及老龄化问题的突显，科学规划符合老年人出行特征的公交线路及运营组织是体现社会公平、提升公交服务水平的重要手段，科学分析老年人公交出行规律是制定精准治理和有效服务公交规划与管理策略的前提。应重视公交基础数据的作用，通过分析公交 IC 卡数据和车辆轨迹数据，获取哈尔滨公交出行规律和老年人刷卡乘车的时空分布特征，规划符合老年人公交出行特点的公交线路，优化车辆调度方法，改善公交站台乘车环境等。本文从车辆调度、诱导出行、定制线路、智能站台四个方面提出初步策略和建议，最后基于公交刷卡数据的作用提出后续工作发展方向。

【关键词】公交刷卡数据；老年人公交出行特征；改善策略

作者简介

单博文，男，硕士，哈尔滨市城乡规划设计研究院，副高级工程师。电子信箱：superka@163.com

罗煦夕，男，本科，哈尔滨市市政工程设计院，工程师。电子信箱：superka@163.com

成都市轨道交通网络结构演化分析

陈培文　张子栋　张素燕

【摘要】网络结构在一定程度上决定了运输效率，研究轨道交通网络结构能够为轨道交通的规划建设和运营管理提供技术支撑。本文基于图论和复杂网络理论，从宏观和微观两个角度对网络发展程度、形态、效率、中心性、路径长度等方面提出量化指标，构建轨道交通网络结构特征分析指标体系。以成都四个阶段的轨道交通网络为例，同时对比国内外 11 个案例城市，分析成都线网结构特征演化。结论如下：四个阶段线网总体呈现越来越复杂、越来越成熟的趋势；在第三阶段，线网发展基本成熟，网络化程度较高，复杂性和连通性已经超过东京；线网中心性逐步呈现"双中心"的分布，由"双中心"向外围郊区逐渐递减，支撑城市演进；成都四个阶段的平均路径长度均相对较低，网络效率高于其他国内城市。

【关键词】城市轨道交通；网络演化；结构特征；中心性

作者简介

陈培文，男，硕士，中国城市建设研究院有限公司，工程师。电子信箱：chenpeiwen@cucd.cn

张子栋，男，硕士，中国城市建设研究院有限公司，综合交通设计研究院总工，教授级高级工程师。电子信箱：zzd_mail@163.com

张素燕，女，硕士，中国城市建设研究院有限公司，综合交通设计研究院院长助理，教授级高级工程师。电子信箱：zsy19@qq.com

基金项目

中国城市建设研究院有限公司科技创新基金项目（Y77T19418）。

基于大数据的公交线路路由
调整及影响性分析

魏昌海 罗 航 陈 阳

【摘要】考虑各地公交线路路由调整较频繁且缺乏理论支撑，本文结合智能公交系统积累的 IC 卡数据、GPS 数据、GIS 数据等公交大数据，提出了客流 OD 联合挖掘方法，基于确定的客流 OD，针对路由调整类线路，研究了线路路由调整方法以及客流影响定量评估思路，并以南京市 28 路公交线路为例，论证了线路路由调整及影响性分析方法的可行性和合理性。提出的线路路由调整及影响性分析方法可为科研机构及公交从业人员开展线路调整方案分析、政府审批公交线路调整方案提供支持。

【关键词】公交大数据；公交客流 OD；线路路由调整；客流影响评估

作者简介

魏昌海，男，硕士，南京市城市与交通规划设计研究院股份有限公司，工程师。电子信箱：w3466456@163.com

罗航，男，硕士，南京市城市与交通规划设计研究院股份有限公司，工程师。电子信箱：896882064@qq.com

陈阳，女，博士，南京市城市与交通规划设计研究院股份有限公司，高级城乡规划师。电子信箱：89673810 @qq.com

考虑负载网络的公交网络关键节点与路段识别模型研究

王国娟

【摘要】为研究加权情况下公交网络时段变化规律，研究采用 Space L 法建立了基于复杂网络的公交网络模型。其中，拓扑网络和负载网络分别反映公交网络的连通性和实际负荷情况。首先，以公交线路发车时间间隔倒数为权重构建公交负载网络模型，根据交通流量特征将网络划分为早高峰、晚高峰和平峰网络三个网络。其次，结合动态负载指标与静态拓扑指标提出基于 Hadamard 乘积的公交网络关键节点与线路识别算法，获取节点和连边排序向量。以青岛市黄岛区公交网络为例进行分析，结果表明构建的模型能够有效地对不同时段的关键站点与路段进行识别，并针对不同类型的关键节点与路段提出相应的改善措施。主要结论如下：对于关键节点与路段，早高峰和晚高峰多分布在机关单位、学校以及大型酒店附近，平峰时段多分布在高校、购物中心和交通枢纽附近；对于各个时段而言，相同排名的公交站点与路段排序值大小为：早高峰>晚高峰>平峰。

【关键词】城市交通；关键节点与线路；复杂网络；公交网络；站点

作者简介

王国娟，女，硕士，宿迁市城市规划设计研究院有限公司，助理工程师。电子信箱：2712128025@qq.com

基金项目

国家自然科学基金青年基金项目（71801144）;

中国博士后科学基金项目（2019M652437）;

山东省重点研发计划（2018GHY115022）;

山东省科技攻关重点研发项目（2019GGX101008）。

客流下降背景下Ⅱ型大城市公交线网优化提升实例研究

——以襄阳市为例

魏昌海　罗　航　张　旭　姚　铮　李存念

【摘要】 公交客流下降背景下，具备条件的大城市纷纷发展轨道交通、快速公交等大中运量公交系统，以提升公共交通吸引力、缓解城市交通拥堵。对于短期不具备建设轨道交通条件且未开通快速公交的Ⅱ型大城市，如何减缓乃至扭转客流下降趋势成为重要课题。本文以襄阳市为例，在深入剖析公交现状及发展问题的基础上，立足于城市发展现状及趋势，结合多源大数据，构建了"以大中运量公交系统为骨架、常规公交为主体、城乡公交为补充"的公共交通线网体系，提出了40余条线路优化提升方案并评估了实施效果。实践证明，本文提出的线网优化提升方案具备良好的实操性，对襄阳市后疫情时代公交客流的恢复、公交服务水平的提升、公交都市的创建等具有重要意义。

【关键词】 公交线网；大数据；优化提升；骨干公交网络

作者简介

魏昌海，男，硕士，南京市城市与交通规划设计研究院股份有限公司，工程师。电子信箱：w3466456@163.com

罗航，男，硕士，南京市城市与交通规划设计研究院股份有限公司，工程师。电子信箱：lhy1990y@qq.com

张旭，男，硕士，南京市城市与交通规划设计研究院股份有限公司，工程师。电子信箱：1104789631@qq.com

姚铮，男，硕士，南京市城市与交通规划设计研究院股份有限公司，工程师。电子信箱：928206935@qq.com

李存念，男，本科，南京市城市与交通规划设计研究院股份有限公司，工程师。电子信箱：924449865@qq.com

南京市公共交通通勤者活动出行特征分析

周　航　陈学武

【摘要】为深度融合城市空间与交通资源，提升通勤人群日常活动与通勤出行的便捷程度，增强公共交通系统对通勤人群的吸引力，本文提出活动出行特征分析方法，并将分析结果应用于实际改善。基于日常活动和通勤出行两类特征的 12 项指标，从单指标分析、差异性分析和相关性分析 3 个角度，分析不同职住模式下的特征差异以及与城市建成设施的关系，在揭示公共交通通勤者活动出行特征的基础上，对公共交通出行服务和城市建成环境提出 4 项针对性优化策略。最后以南京市为案例，将公共交通通勤者的日常活动与通勤出行规律进行融合分析。本研究成果可为其他城市通勤者的时空活动出行特征分析提供方法依据，并为特征规律向应用策略的转化提供参考和决策支持。

【关键词】城市交通；公共交通；活动出行特征；建成环境；优化策略

作者简介

周航，女，硕士，杭州市规划设计研究院。电子信箱：1252846133@qq.com

陈学武，女，博士，东南大学交通学院，教授。电子信箱：chenxuewu@seu.edu.cn

基金项目

国家自然科学基金重点项目 "现代城市多模式公共交通系统基础理论与效能提升关键技术"（51338003）。

基于"三网融合"的轨道
交通换乘规划研究

关 桢

【摘要】轨道交通、慢行交通、常规公交是绿色出行体系的重要交通方式。研究基于"三网融合"的轨道交通换乘规划,有利于锚固轨道交通客流,引导出行方式由个体交通向公共交通转移,构建换乘高效、绿色低碳的交通出行体系,提高城市交通出行效率。本文通过分析"三网融合"的基本要素,立足"以人为本",从轨道站点分类、道路布局、慢行衔接、公交衔接、TOD 控制要求等方面,提出相应的规划设计要求和功能衔接条件,明确相应的实施配套政策。并以厦门市轨道交通 1 号线的规划实践为例,在推进"三网融合"的目标引导下,基于站点周边人口岗位和可达性分析,提出了具体的轨道换乘衔接改善措施。

【关键词】轨道交通;三网融合;交通换乘;绿色出行

作者简介

关桢,女,硕士,厦门市国土空间和交通研究中心,高级工程师。电子信箱:175725946@qq.com

大型客运枢纽出租车接客区
的创新设计实践

——以深圳北站为例

卢 源 张 颖

【摘要】大型客运枢纽中，换乘部分是设计的核心，出租车换乘也是换乘方式中重要的一种。出租车的接客区由于大量高铁到达乘客集中的原因，相较于落客区会具有短时间内大量客流集中的特点，在接客区采用合理的上客模式和管理模式可以有效地提高出租场站接客区运营使用的效率，从而提高枢纽的运转效率和服务水平。本文对传统的出租车上客模式的特点、设置方式和运行效率进行分析，总结其优点和适用条件。深圳北站出租车接客区的人行天桥岛式创新设计在一定程度上解决了几种传统接客区模式存在的共同问题，但是经过近十年的运营，可以发现这一模式同样也存在问题。本文从实地调研结果出发，提出出租车接客区设计的进一步提升建议，从而为国内已经建设的枢纽出租车场站和新建的枢纽出租车场站的接客区设计和运营提供参考和借鉴。

【关键词】交通设计评价；出租车场站设计；接客区设计；实践检验

作者简介

卢源，男，博士，北京交通大学建筑与艺术学院，副教授。电子信箱：1516260575@qq.com

张颖，女，在读硕士研究生，北京交通大学建筑与艺术学院。电子信箱：1980309199@qq.com

"经济型"有轨系统与新城协调发展研究

马　强　吴斐琼

【摘要】我国城市轨道交通发展存在"重快轻慢"的倾向，对有轨电车等低运量"经济型"有轨系统重视和研究不够，这与"经济型"有轨系统在国外城市中的蓬勃发展形成鲜明对比。在地铁、轻轨等"重轨快速大运量"建设政策收紧的大背景下，有必要探索"经济型"有轨系统如何支撑和引导中小城市和新城的协调发展。本文在系统梳理国内外"经济型"有轨系统发展现状的基础上，认为首先要清晰界定"经济型"有轨系统的概念定位及与地铁轻轨等的差异化特征，充分认识其在新城"以人为本"发展过程中的重要作用，协调与新城创新布局结构的匹配度和耦合性，并从总体协调、线网协调、站点协调等三个层面解析"经济型"有轨系统与新城的协调耦合发展策略。

【关键词】"经济型"有轨系统；有轨电车；新城发展；协调性

作者简介

马强，男，博士，上海同济城市规划设计研究院有限公司，复兴规划设计所所长，高级工程师。电子信箱：mac1416@vip.163.com

吴斐琼，女，硕士，上海同济城市规划设计研究院有限公司，复兴规划设计所总工程师，高级工程师。电子信箱：hikeigo_cn@hotmail.com

基于多重视角的杭州市
公共交通现状特征研究

冯　伟　周　航　顾　倩　李家斌　姚　遥

【摘要】本文从国土空间、综合交通以及公交系统自身等多重角度，对杭州市公共交通现状的典型特征进行分析研究。研究结果认为：公交供给水平越高的地区，产生的公交需求越大，公交分担率也越大，各片区公建用地和居住用地的公交可达性水平呈现较为明显的圈层化发展；相比小汽车交通，杭州市公共交通在出行距离和出行时效上均处于劣势，轨道交通在长距离出行中呈现出一定的优势；轨道交通开通后，杭州市公共交通整体客流总体呈现上涨趋势，但常规公交增长乏力，且在公共交通中的主体地位受到一定影响；总体上杭州市的公共交通可达性（PTALs）、公交站点的客流分布、公交线路的客流分布均呈现较为明显的"二八定律"。

【关键词】国土空间；综合交通；公共交通；公共交通可达性；杭州

作者简介

冯伟，男，硕士，杭州市规划设计研究院，工程师。电子信箱：693930551@qq.com

周航，女，硕士，杭州市规划设计研究院，助理工程师。电子信箱：1252846133@qq.com

顾倩，女，本科，杭州市城市规划编制中心，一级主任科员，工程师。电子信箱：19711089@qq.com

李家斌，男，硕士，杭州市规划设计研究院，工程师。电子

信箱：516704343@qq.com

姚遥，女，硕士，杭州市规划设计研究院，交通与轨道规划所主任工程师，教授级高级工程师。电子信箱：965904654@qq.com

城市高新区公交线网优化方法研究

——以郑州市高新区为例

张　东　李聪攀

【摘要】城市高新区作为高新技术集中、岗位密集区域，具有职住分离、通勤距离长、出行集中等特征，交通拥堵现象日趋严重；为满足居民出行需求、缓解交通拥堵，科学合理布设公交线网至关重要。本文以郑州市高新区为例，针对高新区基础路网先天不足、线路运营同质化、线网整体覆盖不足、场站建设滞后等问题，结合公共交通发展趋势，提出采取干线提速增效、支线补弱提质、加快场站建设、智慧公交管控诱导、政策保障等措施，构建宜出行、优品质、高效率的多层次公共交通体系，以提高公交服务水平，提升公交吸引力，削弱高新区孤岛效应，支撑高新区健康、可持续发展，并为其他城市公交线网优化提供一定的借鉴。

【关键词】高新区；职住分离；出行特征；公交线网优化

作者简介

张东，男，硕士，郑州市规划勘测设计研究院，工程师。电子信箱：672705549@qq.com

李聪攀，女，硕士，郑州市规划勘测设计研究院，高级工程师。电子信箱：672705549@qq.com

老龄化时代的养老社区
出行特征分析及建议

刘大维

【摘要】国家对人口老龄化重视程度不断加深，更将"实施积极应对人口老龄化国家战略"作为"十四五"时期发展重点之一。在国家政策的支持下，逐渐涌现出多种类型的养老社区，提高了老年人的生活质量。但社会上对此类老年人聚集地的出行特征研究很少。为了了解养老社区居民出行特征，研究对几处养老社区的老年人进行出行调查，获得此类人群出行行为特征参数。研究结果表明，社区老人出行以步行为主，出行距离较短，对出行环境要求较高。为了使老年人出行更加安全、便捷，本文从人行道宽度、过街设施、公共交通、医疗急救通道几个方面提出交通设施改善建议。

【关键词】老龄化；养老社区；出行特征；交通改善

作者简介

刘大维，男，硕士，天津市城市规划设计研究总院有限公司，中级工程师。电子信箱：ssdvae@163.com

重大活动区域交通拥堵
扩散辨识及预测研究

谭景元

【摘要】重大活动举办期间，会产生强聚集性、高冲击性的交通需求，将对当前聚焦于解决通勤、通学、公务等日常交通出行的城市交通系统提出严峻的考验。准确的交通状态辨识及态势推演是保障重大活动顺利进行的基础，同时又能减少重大活动对日常交通产生的影响。针对当前对交通拥堵识别及状态预测的研究多集中在日常期间，并且对重大活动等非常规时期研究稍显薄弱的问题，本文提出了一种基于风玫瑰图解析路径拥堵变化规律的方法，并利用高斯烟羽模型预测了重大活动区域极限影响距离，并以 2018 中国国际智能产业博览会为例进行了实例验证，计算并预测出各条路径的拥堵扩散距离，预测精度达到 89.30%。

【关键词】重大活动区域；拥堵扩散；风玫瑰图；高斯烟羽模型

作者简介

谭景元，男，硕士，重庆市市政设计研究院，助理工程师。
电子信箱：764472308@qq.com

城市更新契机下公交首末站配建策略

许 丽　刘明姝

【摘要】本文以某省会城市为例说明我国大城市在城市规模快速扩大的过程中，普遍存在公交首末站建设不足的问题，从体制机制、规划衔接、用地获得、开发模式及与轨道交通一体化建设等方面深入剖析了产生公交首末站缺口大、落地难的原因。依据我国"十四五"期间实施城市更新行动的战略部署，深入分析城市更新对推动解决城市发展中的突出问题和短板的意义，总结得出城市更新对弥补公交首末站历史欠账、强化二次开发增量用地保障所带来的契机。结合借鉴国内先进城市在公交首末站建设中的成功经验，系统研究了城市更新行动中公交首末站规划用地保障、建设模式创新、体制机制协同的策略，并提出了建立布局规划与配建制度相结合的用地保障机制、创新土地获得方式、推广集约融合的建设模式、加强与轨道交通与一体化建设机制，以及多部门协同的工作机制等具体实施建议。

【关键词】城市更新；公交首末站；配建制度；建设模式

作者简介

许丽，女，硕士，上海市城乡建设和交通发展研究院，工程师。电子信箱：gyxuli2017@126.com

刘明姝，女，硕士，上海市城乡建设和交通发展研究院，高级工程师。电子信箱：liumingshutj@126.com

天津市常规公交与城市轨道
交通融合发展策略研究

李井波　张　骥

【摘要】城市轨道的开通运营对常规公交的发展提出了挑战，这种影响因轨道发展阶段不同，展现出不同的特点。如何应对轨道交通方式对居民出行习惯产生的影响，成为常规公交需面对的问题。目前国内相关文章仅将轨道成网作为城市轨道建设的阶段划分，且均停留在定性分析层面，针对相关指标的研究较少。究竟运营里程达到如何规模可定义为已进入轨道成网阶段，在数据层面并没有详细的阐述分析。本文以此为突破点，寻找轨道不同阶段的指标划分，并针对天津轨道系统所处的轨道发展阶段提出相应阶段下公共交通的发展策略与目标。

【关键词】城市轨道发展阶段；常规公交；融合发展；发展策略

作者简介

李井波，男，硕士，天津市城市规划设计研究总院有限公司，高级工程师。电子信箱：tianjinjiaotong_li@163.com

张骥，男，本科，天津市城市规划设计研究总院有限公司，工程师。电子信箱：519821761@qq.com

广州市轨道交通地下空间规划及管控思考

叶树峰　　谢志明　　罗晨伟　　田　鑫

【摘要】广州作为超大城市，轨道交通规模庞大、建设复杂。为了应对广州市面临的轨道交通地下空间规划及管控需求，保障轨道交通网络建设，完善地下空间规划体系，本文首先对国内轨道交通地下空间规划及管控的整体发展情况进行研究；然后结合广州市地下轨道交通发展现状，分析广州市轨道交通地下空间规划及管控面临的问题；最后提出超前开展轨道交通等线性工程的地下空间控制性详细规划、建立地下空间三维管控系统、提前谋划地下轨道交通复合走廊、促进地下轨道交通与城市地下空间融合发展四点思考。

【关键词】地下空间规划；轨道交通地下空间；轨道规划管控；轨道复合通道；站城融合

作者简介

叶树峰，男，硕士，广州市交通规划研究院，工程师。电子信箱：494221526@qq.com

谢志明，男，本科，广州市交通规划研究院，副所长，正高级工程师。电子信箱：25581646@qq.com

罗晨伟，男，硕士，广州市交通规划研究院。电子信箱：598825718@qq.com

田鑫，男，硕士，广州市交通规划研究院。电子信箱：531800508@qq.com

导轨式胶轮运营研究

——以增城云巴示范线为例

李远安　陈海伟　贾幼帅　刘尔辉

【摘要】在国家发改委收紧地铁和轻轨建设审批背景下，我国大中型城市掀起建设中低运能轨道交通的热潮。但近期珠海有轨电车1号线因运营期极大亏损而遭到拆除，给以有轨电车为代表的中低运能轨道交通建设带来沉痛教训。线路运营作为轨道交通项目前期投资、建设的重要依据，须统筹考虑运营安全与经济效益的可持续性。本次研究以采用比亚迪"云巴"的增城区有轨电车示范线项目为例，采用定性和定量、近期与远期相结合的方法，分析近、远期线路运营成本及收益，提出车公里补贴模式与实施建议。本次研究旨在为中低运能轨道交通前期规划与决策提供专业技术支持，保障轨道建设后续运营的安全、经济与可持续，有助于推广以"云巴"为代表的导轨式胶轮系统落地应用，有利于充分发挥中低运能轨道交通的经济效益和社会效益。

【关键词】中低运能轨道交通；云巴；导轨式胶轮系统；运营成本估算；车公里补贴模式

作者简介

李远安，男，硕士，广州市交通规划研究院，助理工程师。电子信箱：1503947220@qq.com

陈海伟，男，硕士，广州市交通规划研究院，工程师。电子信箱：302705147@qq.com

贾幼帅，男，硕士，广州市交通规划研究院，工程师。电子

信箱：745061554@qq.com

刘尔辉，男，硕士，广州市交通规划研究院，工程师。电子信箱：2220911126@qq.com

轨道站点交通品质提升方法与应用

——以东莞为例

曹智滔　　陈海伟　　刘尔辉

【摘要】为解决轨道交通"最后一公里"接驳问题，提升轨道站点周边地区交通品质，本文构建了轨道交通站点周边地区交通品质评估指标体系，分析各站点周边交通品质所处的发展阶段，针对站点交通交通品质的薄弱点针对性地提出站点改善对策。以东莞市为例，对其现状 33 个轨道交通站点进行调研，依据评估体系，得到站点周边地区交通品质的发展得分，并将 33 个站点划分为四个发展层次，针对站点的不足相应地提出改善措施。本方法的应用已作为东莞市站点周边地区交通品质提升的理论依据，且指导各实施主体开展下一步实施站点改善工程。

【关键词】轨道交通；交通品质；接驳设施；综合提升

作者简介

曹智滔，男，本科，广州市交通规划研究院，助理工程师。电子信箱：271088045@qq.com

陈海伟，男，硕士，广州市交通规划研究院，工程师。电子信箱：302705147@qq.com

刘尔辉，男，硕士，广州市交通规划研究院，工程师。电子信箱：2220911126@qq.com

潮汐出行视角下的共享单车
短时出行预测与运筹调度方法

周宏宇

【摘要】为缓解共享单车潮汐出行在时空上供需失衡的典型问题，本文从运营方的角度出发，提出对共享单车进行短时出行需求预测的方法，辅以运筹优化模型，给出调度策略。首先，将出行 OD 按规则空间拓扑结构聚合，构造特征指标；然后，采用卷积神经网络（Convolutional Neural Network，CNN）的一维卷积核函数自动提取聚合后区域的空间特征，利用长短时记忆神经网络（Long Short-term Memory，LSTM）解决时序依赖；最后，利用预测结果指导带时间窗的车辆路径问题（Vehicle Routing Problems with Time Windows，VRPTW），给出调度策略。结果表明，时空网络 CNN+LSTM 对未来单车供需状态进行短时预测的精度可达到 81%，比自回归模型精度高 7%，比随机森林模型和长短时神经网络（Long-short Term Memory）的精度高 4%。调度算法能够有效串联高峰期的供需极不平衡区域，并形成闭合调度链路，缓解单车潮汐出行带来的影响，为进一步开发群智优化调度系统提供有力依据。

【关键词】共享单车；潮汐出行；短时预测；运筹优化

作者简介

周宏宇，男，硕士，深圳市城市交通规划设计研究中心股份有限公司，工程师。电子信箱：357623593@qq.com

微循环线由供给型向服务型
转变的思路研究

赵浩彬　万晶晶

【摘要】面对轨道交通、网约车、共享单车等其他交通方式的快速发展和市民对于出行品质要求的日益提升，传统常规公交在灵活性、高效性上的劣势导致其面临客流下滑的困境。微循环线作为轨道发展背景下公交客流的新增长点，需求相对集中且明确，有条件通过高质量的公交服务，贴近市民的出行需求，提升公交的竞争力。本文通过对传统线路服务劣势及市民出行要求的分析，结合线路案例，从微循环线的角度讨论了供给型公交线路向服务型公交线路的转变思路，即通过服务重点需求，采用灵活、高效、可交互的公交运营模式，促使更多的人优先采用公交出行，实现企业运营效率和市民出行便捷性的双赢。

【关键词】服务型公交；微循环线；公交服务质量

作者简介

赵浩彬，男，本科，深圳市城市交通规划设计研究中心股份有限公司，助理工程师。电子信箱：623839059@qq.com

万晶晶，女，硕士，深圳市城市交通规划设计研究中心股份有限公司，高级工程师。电子信箱：jingjingeye@qq.com

服务纠纷对巡游出租汽车乘客满意度影响

李佳玉

【摘要】巡游出租汽车服务纠纷指司机损害乘客利益且被乘客感知到的行为。服务纠纷容易引发乘客的不满，增加管理难度。为了针对服务纠纷提出精细化的改善策略，本研究进行了武汉市巡游出租车服务纠纷与乘客满意度关系调查，利用关联规则挖掘服务纠纷对乘客满意度的影响程度与特性。分析发现：①服务纠纷使乘客满意度均值降低 0.89；②为降低服务纠纷引发乘客不满意发生的概率，应按拒载＞议价＞另载他人＞绕远路＞中途抛客的顺序改善。当服务纠纷发生概率小时，改善收效甚微。

【关键词】巡游出租车；服务纠纷；关联分析；乘客满意度；改善策略

作者简介

李佳玉，女，硕士，武汉市交通发展战略研究院，助理工程师。电子信箱：465306910@qq.com

可持续移动性视角下的城市公共交通可达性研究

——以深圳市为例

王宁 黄泽 安健

【摘要】近年来,"可持续的移动性"概念越来越为交通规划领域所熟知和认可。可持续移动性关注出行可达性与生活品质,注重可持续性、城市活力、公共服务均等化等方面的内容,与我国"以人民为中心"的城市发展理念不谋而合。本研究聚焦居民优质资源获取能力,通过多源数据实现城市公共交通系统可达性评估,并通过"人本"视角分析方法揭示深圳市居民现状可达性分布特征;结合双变量空间自相关模型,评估深圳市域优质资源可达性与人口密度的适配性。结果表明:由于优质资源设施分布区位优势和发达的公共交通服务水平,深圳市中心城区范围基本实现了优质资源服务全覆盖;地铁建设丰富和拓展了居民优质资源选择,沿线地区优质资源可达性是其他地区的 4.5 倍以上;优质资源可达性与人口密度的整体适配性有待提升,都市核心区范围内仍存在成片的优质资源可达性盲点。最后,针对公共交通系统可达性的提升提出优化建议。本文可为城市公共交通可持续移动性发展水平评估提供范例和借鉴。

【关键词】公共交通可达性;可持续移动性;手机 LBS 数据;双变量空间自相关

作者简介

王宁,男,硕士,深圳市城市交通规划设计研究中心股份有

限公司，工程师。电子信箱：wangning01@sutpc.com

黄泽，男，硕士，深圳市城市交通规划设计研究中心股份有限公司，中级工程师。电子信箱：348167335@qq.com

安健，男，博士，深圳市城市交通规划设计研究中心股份有限公司，副高级工程师。电子信箱：anjian@sutpc.com

基于 MCR 模型的骑行
绿道网络构建探究

——以北京昌平中部区域为例

李静茹　雷　芸　任岚明

【摘要】随着绿色出行和健康生活理念的深入人心，在我国特大及大城市中，骑行和远足逐渐成为市民热门的健身活动和休闲方式。城市骑行绿道的合理规划和建设，正是促进全民运动保持健康、为城市居民提供绿色休闲场所的重要途径。本文在分析北京昌平中部区域自然与人文条件的基础上，提出昌平区域中存在的骑行问题和发展潜力，立足城市交通和风景园林双重视角，通过最小累计阻力（MCR）模型的构建，探讨城市近郊环境中，如何构建路权清晰、空间连续、风景优美、体验舒适的骑行绿道网络，并提出骑行绿道网络建设的四大策略，为市民健康休闲出行提供良好的线性空间。

【关键词】慢行系统；骑行绿道；选线；最小累计阻力模型；北京昌平

作者简介

李静茹，女，本科，北京林业大学园林学院。电子信箱：1132813993@qq.com

雷芸，女，博士，北京林业大学园林学院，副教授。电子信箱：bjfulyun@163.com

任岚明，男，本科，北京建筑大学土木工程与交通学院。电子信箱：2685553752@qq.com

新供需条件下的居民通勤
出行方式选择研究

秦　依

【摘要】城市通勤面临城市发展带来的通勤"次高峰"、具有相似社会经济属性的通勤者在居住地选择上高度集聚等职住新变化,从而引发了新的通勤需求。同时"互联网+"与共享经济在交通领域的深度融合也为城市交通供给注入新活力。本文以新供需条件下的通勤出行调查为基础,挖掘通勤目的出行方式选择独有的影响因素,细化分析通勤往返程之间的差异,提出针对同一个体单日往返程通勤出行的方式选择预测方法,进而探索面向需求侧的城市公共交通供给体系服务水平提升与增强供需匹配的实现路径。

【关键词】通勤出行;出行方式选择;混合 Logit 模型;供需匹配

作者简介

秦依,女,硕士,广州市城市规划勘测设计研究院,助理规划师。电子信箱:2598192625@qq.com

基于 MNL 模型的城市常规公交出行分担比研究

周子玙

【摘要】目的：探究不同服务水平、轨道交通建设和个人属性对居民选择常规公交、出租车、自驾车出行方式的影响。方法：以南京市在建轨道交通的"红山路—和燕路"通道为例，设计 SP 调查问卷，建立 MNL 模型，并分析求解。结果：轨道交通的建成通车对同一通道内的常规公交出行分担率会产生较大冲击，选择常规公交出行主要受费用、等车时间、私家车拥有水平、收入水平影响。结论：常规公交要提高出行分担率，不仅要通过提升行程速度、服务频率等方式提升服务水平，在规划建设中，也要和轨道交通相适应，形成错位竞争，互为补充。

【关键词】MNL 模型；SP 调查；Stata；公交优先

作者简介

周子玙，男，硕士，南京市城市与交通规划设计研究院股份有限公司，助理工程师。电子信箱：724592110@qq.com

粤港澳大湾区典型功能区域公共交通系统研究

——以深圳市光明区为例

颜建新

【摘要】优先发展公共交通是支持城市发展、缓解交通拥堵的关键。但传统的公共交通规划较少考虑区域、城际及市域层面公共交通的系统融合，以及轨道与公交间的双网融合。本文立足湾区视野，充分考虑公共交通系统的区域融合、内外衔接及内部拓展，深入剖析粤港澳大湾区一体化融合背景下公共交通系统的发展思路。并以深圳市光明区为例，分析新时代背景下城市功能定位、土地开发强度、城市产业布局、公交发展趋势之变，从轨道网络、公交线网、轨道公交融合、基础配套设施、公交运营服务、TOD 发展等方面，系统性地提出公共交通规划策略及方案，为粤港澳大湾区典型功能区公共交通系统研究提供参考。

【关键词】粤港澳大湾区；公共交通；分层次公交线网；枢纽场站体系；轨道公交双网融合

作者简介

颜建新，男，硕士，深圳市综合交通设计研究院有限公司，规划二院副院长，高级工程师。电子信箱：511865660@qq.com

基于多源数据的铁路出行
用户画像体系研究

赵鑫玮　杨　敏　吴运腾

【摘要】随着 MAAS（Mobility-as-a-service，出行即服务）概念的兴起，人们对出行服务提升的要求越来越高，为乘客高效提供适合的、个性化的铁路出行方案具有重要意义。而问题的关键在于对用户特性的精准捕捉和出行方案的智能化推荐，前者是后者的重要基石，但目前关于铁路出行旅客画像的研究相对较少。

基于此，本研究着重构建高精度铁路出行用户画像体系。该体系分为数据层、标签层、应用层三个层次，应用携程用户历史铁路出行记录数据、去哪儿网列车运行数据、12306 车站属性数据和高德地图 POI 数据四类数据，采用统计、TF-IDF、KMeans 聚类和 Xgboost 等多种算法，构建用户属性、用户行为、用户偏好和用户敏感度四类标签，并据此从个体到群体两个维度对用户进行刻画。本研究挖掘铁路出行乘客的兴趣偏好，对基于 MAAS 的个性化出行服务进行了初步有益探索。

【关键词】MAAS；铁路出行者画像体系；用户敏感度；KMeans 聚类；Xgboost 算法

作者简介

赵鑫玮，女，硕士，中国城市规划设计研究院，工程师。电子信箱：591366791@qq.com

杨敏，男，博士，东南大学，教授。电子信箱：sddndxjtxy@163.com

吴运腾，男，硕士，百度在线网络技术（北京）有限公司，数据分析师。电子信箱：syzx8@163.com

基于网约车出行需求分析的
公交廊道规划策略研究

——以拉萨市为例

涂 强 汪 洋

【摘要】公交廊道规划是公交系统规划的主体内容，对于缓解城市交通供需矛盾具有重要意义。同时，网约车的兴起为解读城市出行规律提供了全新的角度和数据源。本文以拉萨市为例，通过问卷、跟车等调查数据分析现状公交系统的服务水平，初步识别公交系统现存的主要问题。基于网约车订单数据，对城市出行需求的分布特征展开多维度分析。首先，以中心城区为范围，识别城市的高热度出行点，实现出行需求集聚特征的可视化；之后，将拉萨市划分为 100 个交通小区，统计各小区的发生与吸引量，挖掘排名靠前的高热度出行点之间的出行联系结构特征，并以最高热度出行点为中心，绘制发生与吸引的主流期望线；最后，以更精细化的网格维度，分析网约车出行需求与具体发生点之间的关系，并在充分挖掘网约车出行需求的基础上，提出有针对性的公交廊道规划策略。本文可为公交廊道规划的方案决策提供有效支撑。

【关键词】公交廊道规划；调查数据；订单数据；网约车出行需求分析

作者简介

涂强，男，硕士，北京市城市规划设计研究院，规划大数据联合创新实验室主任研究员，工程师。电子信箱：tuqiang729@

163.com

汪洋，男，硕士，北京市城市规划设计研究院，交通规划所主任工程师，高级工程师。电子信箱：bicpjts@163.com

先发地区大中城市公交发展
困境与对策研究

——以某城市公交为例

姜　军

【摘要】经过近二十年的发展，我国先发地区的城市公交取得了跨越式的进步，但其内外部形势和挑战依然十分严峻。本文以先发地区某城市为例，根据其基础设施建设、运营服务情况，采用统计数据和大数据挖掘手段，定性与定量分析相结合，详细探讨了当前该城市公交发展存在的供给与需求、均衡与整合、投入与产出等多个方面的困境。研究发现，供大于求与供给不平衡、不充分的问题同时存在，需要同步进行供给侧和需求侧改革；绿色出行链内部缺乏整合，导致相互分流和外部竞争的势弱，需要面向绿色出行链进行均衡和整合；投入效率有待提高，需要加强公交自身造血能力以实现可持续发展。最后，初步提出了先发地区城市公交由高速增长转向高质量发展的路径。

【关键词】先发地区；城市公交；困境；发展对策

作者简介

姜军，男，博士，华设设计集团股份有限公司，高级工程师。电子信箱：99787769@qq.com

公交可达性水平（PTALs）指标调整研究

——以杭州为例

李　渊　李家斌　冯　伟　李林森　曾挥毫　王玉华

【摘要】伦敦的公交可达性水平（PTALs）是一种在空间栅格尺度下反映人们获取公交服务便捷程度的指标，已被推广应用于包括中国在内的全世界多个国家，但均尚未对计算参数进行本地适应性研究，导致指标适用性不足。本文基于此前的研究成果，以杭州为例分析了原始算法中距离计算方式、公交接驳方式对 PTALs 指标的影响，认为不同距离计算方法可以适用于不同应用场景，且公交接驳方式的扩展可增加指标的全面性和准确性。并针对轨道交通和常规公交作用体现权重方向，提出了指标调整方法，并对调整前后指标的合理性进行了分析，认为调整后的指标具有较好适用性的同时，可以进一步凸显轨道交通的作用，且随轨道线网发展具有更好的适用潜力。

【关键词】公交可达性水平；轨道交通；指标调整；杭州

作者简介

李渊，男，硕士，海康威视数字技术股份有限公司，助理工程师。电子信箱：liyuan25@hikvision.com

李家斌，男，硕士，杭州市规划设计研究院，工程师。电子信箱：516704343@qq.com

冯伟，男，硕士，杭州市规划设计研究院，工程师。电子信箱：693930551@qq.com

李林森，男，硕士，海康威视数字技术股份有限公司，高级

工程师。电子信箱：lilinsen@hikvision.com

　　曾挥毫，男，本科，海康威视数字技术股份有限公司，高级
工程师。电子信箱：zenghuihao@hikvision.com

　　王玉华，女，硕士，海康威视数字技术股份有限公司，工程
师。电子信箱：wangyuhua5@hikvision.com

疫情防控视角下的城市出行
环境规划与设计研究

王琳颖　南　川　熊钰冰　彭浩欣

【摘要】2020 年初，新冠肺炎疫情突如其来，威胁着我们的生命与健康，冲击着我们的生活，对城市出行环境也造成了很大的影响。为此，本文探究了疫情防控背景下居民出行行为的变化及影响因素，为城市出行环境的规划与设计提供一定的借鉴思路。本文选取南昌市为研究对象，首先比较分析了疫情前和疫情期间居民在出行频率、目的、方式、距离等出行特征上的变化；其次，考虑到居民个体属性、建成环境属性和疫情防控属性对出行行为的影响，建立了疫情防控背景下居民出行行为影响因素的指标体系，并构建了结构方程模型，探究以上三类影响因素对居民出行行为的影响；最后，结合各影响因素对城市出行环境提出了优化建议，以适应疫情防控常态化时代居民的出行需求。

【关键词】疫情防控；出行环境；出行行为；结构方程模型

作者简介

王琳颖，女，硕士，南京长江都市建筑设计股份有限公司，高级城乡规划师。电子信箱：675899701@qq.com

南川，女，在读硕士研究生，深圳大学土木与交通工程学院。电子信箱：915989357@qq.com

熊钰冰，女，博士，华东交通大学交通运输与物流学院，讲师。电子信箱：xiongmaozai1989@163.com

彭浩欣，女，在读硕士研究生，华东交通大学交通运输与物流学院。电子信箱：1052779597@qq.com

基金项目

江西省人文社科规划项目（17BJ17）；
国家自然科学基金项目（51708218）。

轨道交通客流影响因素分析及提升建议

——以昆明为例

尹安藤　朱　宁　王叶勤

【摘要】城市轨道交通作为城市大运量公共交通方式，对缓解城市交通拥堵具有十分重要的作用，也因此得以在世界各国快速发展。目前全国（不含港澳台地区）已有 44 个城市开通了地铁，其中有 13 个城市的运营里程超过 100 公里。虽然全国轨道交通的建设如火如荼，但多数城市的客流情况却不尽如人意，新冠疫情的冲击更是对城市轨道交通客流普遍带来了严重的负面影响。以昆明为例，自 2014 年轨道交通首期工程开通以来，截至 2020 年 12 月 31 日全市轨道交通运营线路长度达到 139.36 公里，运营里程排名上升至全国第 19 名，但客流强度却下降至第 25 名。本文根据轨道问卷调查结果，分析昆明轨道乘客出行特征，从轨道站点周边人口岗位、路网密度、公交服务、车站出入口设置等方面评价了站点周边设施服务水平，最后对昆明轨道交通客流影响因素进行总结，并从接驳、规划、政策机制等角度提出了相应的改善建议。

【关键词】轨道交通；公共交通服务；客流因素分析

作者简介

尹安藤，男，硕士，昆明市规划设计研究院有限公司，工程师。电子信箱：870667291@qq.com

朱宁，男，本科，昆明市规划设计研究院有限公司，助理工程师。电子信箱：1340393222@qq.com

王叶勤，女，硕士，嘉兴市公路与运输管理中心。电子信箱：605933895@qq.com

基于 MaaS 理念智慧出行的
动态公交模式应用

——陕西西咸新区片区级实践

张 振

【摘要】在城市资源紧约束背景下，全面落实公共交通优先发展战略，加快转变城市交通发展方式，探索智慧化、共享化、多元化、个性化的出行服务体系，有利于推进城市交通治理体系和治理能力现代化转型。本文基于 MaaS 智慧出行服务理念，探讨了新技术下催生的新公交出行模式，充分厘清了动态公交的定位和基本属性，尝试在地区片区级进行动态公交实践，分析得出动态公交出行人群更加年轻化，出行目的更偏向于通勤，在价值效益上实现了按需出行、节约运营成本以及降低群众出行成本。同时，浅析了动态公交在开线前、运营中、运营后的闭环全过程中存在的关键问题和解决方案，可为公交发展提供新思路，弥补传统公交模式不足，更好地满足人民群众出行需求和满意度。

【关键词】动态公交；需求响应；出行服务；MaaS；新技术

作者简介

张振，男，硕士，陕西西咸新区公共交通集团有限公司，工程师。电子信箱：zhangzhen789512@126.com

基于多源交通数据的西安市
轨道交通客流特征分析

庄义斐　宋瑞涛　李　冰

【摘要】随着我国交通出行智能水平不断提升，轨道交通乘客出行时会产生海量运营数据，这为研究城市居民轨道交通出行特征提供了新的思路。本文采用连续两年的西安市轨道交通刷卡数据、公交线路分布、共享单车骑行等数据，应用数理统计、K-means 聚类和融合分析等方法，对西安轨道交通的客流特征与存在问题进行了研究。结果表明，2020 年西安轨道交通各站点的日均客流相较于 2019 年平均降低 23%，热门站点主要集中在轨道交通 1、2、3 号线，轨道线网客流分布及人口岗位覆盖情况仍不均衡，工作日与非工作日的客流存在明显差异，部分轨道站点周边的常规公交或共享单车配套不够完善。本文对比轨道交通乘客历年出行特征，分析轨道交通与其他交通方式接驳情况，能够为西安市轨道交通乘客出行规律研究建立理论基础，为城市交通系统规划和管理提供科学依据。

【关键词】多源交通数据；轨道交通刷卡数据；出行特征

作者简介

庄义斐，男，硕士，西安市交通规划设计研究院有限公司，助理工程师。电子信箱：993248655@qq.com

宋瑞涛，男，本科，西安市城市规划设计研究院，正高级工程师。电子信箱：cyclone1034@qq.com

李冰，女，硕士，西安市城市规划设计研究院，副高级工程师。电子信箱：53816930@qq.com

基于共享单车的自行车交通绿行指数研究

——以深圳市福田区为例

肖文明　彭　澜　耿铭君　张剑锋　王　伟

【摘要】共享单车的普及在一定程度上改变了市民的出行习惯，倡导绿色出行成为未来交通体系的重要发展方向。本文基于共享单车的使用情况，明确自行车交通出行品质的影响要素及度量标准，构建自行车交通绿行指数模型。以深圳市福田区为例，进行自行车交通出行品质评价，直观、有效地量化分析福田区各街道、各路段的自行车服务水平，识别存在问题的位置及程度，进而有针对性地提出改善方案，以打造更加安全、连续、舒适、便捷的自行车交通出行环境。

【关键词】自行车交通；绿行指数；共享单车；出行品质；深圳市福田区

作者简介

肖文明，男，硕士，深圳市都市交通规划设计研究院有限公司，主任工程师。电子信箱：747495460@qq.com

彭澜，女，本科，深圳市都市交通规划设计研究院有限公司，助理工程师。电子信箱：1317059414@qq.com

耿铭君，男，硕士，深圳市都市交通规划设计研究院有限公司，高级工程师。电子信箱：181201807@qq.com

张剑锋，男，硕士，深圳市都市交通规划设计研究院有限公司，工程师。电子信箱：611411262@qq.com

王伟，男，硕士，深圳市都市交通规划设计研究院有限公司，工程师。电子信箱：1030346735@qq.com

基于社交媒体数据的公交服务品质评价研究

李梓叶　查文斌　李　健

【摘要】公共交通服务品质评价可以量化公交服务质量，反映关键服务因素，帮助运营企业改善管理。目前相关研究多以人、车、线路和辅助设施相关的考核指标为数据基础，构建离散选择、回归和结构方程等模型测量公交服务品质，存在数据更新周期长、调查成本高、难以动态及时响应等问题。本文提出基于社交媒体挖掘的公交服务品质评价，从微博等平台采集公共交通舆情数据，挖掘公众对公交运营现状的态度，提取公众需求，量化公交运营管理政策调整的效果。研究结果显示，依托于乘客主观响应的社交媒体内容分析能够为完善公共交通运营管理体系、提升服务品质提供参考依据。

【关键词】公共交通；服务品质；社交媒体挖掘；评价体系；公众需求

作者简介

李梓叶，女，硕士研究生，同济大学。

查文斌，男，硕士研究生，同济大学。

李　健，男，博士，同济大学，副教授。电子信箱：jianli@tongji.edu.cn

综合客运枢纽换乘满意度研究

杨　澜　姚荣涵　张宪国

【摘要】为探究出行者在综合客运枢纽站与城市内的换乘行为，分析影响出行者换乘服务质量及换乘满意度的关键性因素，本研究发放 RP（Revealed Preference/RP）+SP（Stated Preference/SP）调查问卷，得到 340 份有效问卷。充分考虑各类影响因素，建立多因素影响下的换乘满意度结构方程模型，基于有效问卷数据，在 AMOS 软件中运行得出结果。结果显示，换乘服务质量显著影响换乘满意度，换乘便捷性和接驳方式的可用性显著影响换乘服务质量。因此可以通过改善综合客运枢纽站换乘环境的便捷性提高接驳方式的可用性，进而提升出行者的换乘满意度，为完善综合客运枢纽及一体化建设提供依据。

【关键词】综合客运枢纽；换乘满意度；意向调查；结构方程模型

作者简介

杨澜，女，硕士，中国汽车技术研究中心有限公司。电子信箱：yanglan@catarc.ac.cn

姚荣涵，女，博士，大连理工大学，副教授。电子信箱：cyanyrh@dlut.edu.cn

张宪国，男，硕士，中国汽车技术研究中心有限公司，高级工程师。电子信箱：zhangxianguo@catarc.ac.cn

BRT 在我国城市的分异化发展趋势分析

李玲玉　卢　源　姚轶峰　姚胜永　林雄斌

【摘要】BRT 在我国近几年发展呈衰落现象，并且在不同等级的城市表现出分异化的发展趋势。为了探究这种现象以及产生这种趋势的原因，本文主要通过数据统计分析方法，分别从我国整体和不同等级城市角度对 BRT 系统的建设趋势和运营情况进行分析，通过对城市数量、线路长度、客运量、客流密度等方面的数据分析，发现 BRT 在我国城市的整体建设趋势是下降的，并且运营效率不佳；一、二线城市的整体建设趋势下降情况较三、四线城市显著，但是运营效率高于三、四线城市。已有的 BRT 运行效率不佳是导致城市建设 BRT 趋势下降的一个重要原因；轨道交通的竞争关系、道路资源的限制是导致一、二线城市建设 BRT 趋势下降的主要原因；人口密度和公交分担比低、私人机动车拥有率快速升高是导致三、四线城市建设趋势 BRT 下降的主要原因。

【关键词】BRT；分异化趋势；原因；公共交通

作者简介

李玲玉，女，在读硕士研究生，北京交通大学。电子信箱：1255985368@qq.com

卢源，男，博士，北京交通大学，副教授。电子信箱：1255985368@qq.com

姚轶峰，男，博士，北京交通大学，副教授。电子信箱：1255985368@qq.com

姚胜永，男，博士，石家庄铁道大学，副教授。电子信箱：

1255985368@qq.com

林雄斌，男，博士，宁波大学，副教授。电子信箱：
1255985368@qq.com

场景驱动的定制公交需求识别
与线路规划方法

王子懿　李　健

【摘要】需求识别与线路规划是发展定制公交需要考虑的重要内容。本文提出了一种场景驱动的定制公交需求识别与线路规划方法。需求识别部分，提出了将宏、微观层面研究相结合的分析方法，由出行大数据识别定制公交潜在使用场景，利用小样本调查数据分析不同场景下人群对定制公交的选择偏好；线路规划部分，设计了基于使用场景的实时定制公交线路规划方法，并将宏观需求特征、微观选择意愿作为选线依据与线路优化的约束条件。采用厦门市网约车订单数据与问卷调查数据进行实例验证，结果表明：通勤出行场景下，人群对定制公交的选择偏好最高；规划得到的当地通勤定制公交，其部分班次在高峰时段可服务沿线超过50%的原网约车出行需求。

【关键词】定制公交；场景驱动；需求分析；选择偏好；线路规划

作者简介

王子懿，男，本科，同济大学交通运输工程学院，硕士研究生。电子信箱：ChesterEGO@163.com

李健，男，博士，同济大学交通运输工程学院，副教授。电子信箱：jianli@tongji.edu.cn

疫情对轨道交通客流影响分析

——以天津市为例

杨 颖 高煦明 闫 昕

【摘要】从新冠肺炎疫情爆发到进入常态化防控阶段，居民出行和生活产生了较大的改变。轨道交通作为城市交通的主动脉，疫情对其客流产生了较大的影响。疫情爆发初期，客流呈现出断崖式下降；随着疫情逐步得到控制，轨道客流也逐渐恢复。本次研究以天津市为例，分析疫情前后的轨道客流总体特征，并根据分时段客流特征将轨道站点分为居住、岗位、职住混合、交通枢纽、商业文娱和其他 6 类，研究疫情对各类站点客流的影响。分析结果显示，2020 年 9 月之后，天津轨道客流同比恢复八成左右，相较其他城市有所差距。疫情对交通枢纽类站点的客流影响较大，其中天津站和滨海国际机场受到疫情的冲击较大，仅恢复到疫情前的六成左右。

【关键词】轨道交通；客流分析；站点分类；新冠肺炎疫情

作者简介

杨颖，女，硕士，天津市城市规划设计研究总院有限公司，助理规划师。电子信箱：yy95_tj@163.com

高煦明，男，硕士，天津市城市规划设计研究总院有限公司智慧城市规划实验室，工程师。电子信箱：ron_gogh@163.com

闫昕，男，本科，天津轨道集团有限公司，高级工程师。电子信箱：99656691@qq.com

面向精准治理的步行道评价及改善研究

——以武汉市为例

武　洁　焦文敏　王岳丽

【摘要】为精准提升城市步行道出行环境，本文从步行者的使用需求出发，立足中微观视角，构建系统性、层次化的步行道评价指标体系；选取武汉市 10 条典型步行道开展满意度问卷调查，通过人工神经网络方法确定各评价指标的权重；最后，运用 IPA 分析的方法提出步行道改善提升措施。研究发现：步行道宽度、机动车影响、盲道设置、噪声水平以及建筑底层通透性等指标对步行者的满意度水平影响较大；武汉市典型步行道优先改进的方向主要集中于噪声水平、机动车影响以及绿化覆盖水平等方面，可以为今后步行道的升级改造提供决策支持，最大化城建资金的投资收益。

【关键词】步行道评价；步行道改善；精准治理；满意度

作者简介

武洁，女，硕士，武汉市规划研究院，正高级工程师。电子信箱：53551059@qq.com

焦文敏，女，硕士，武汉市规划研究院，中级工程师。电子信箱：53551059@qq.com

王岳丽，女，硕士，武汉市规划研究院，正高级工程师。电子信箱：53551059@qq.com

基金项目

武汉市规划研究院自主科研项目。

地铁站周边共享单车的活动家域及其调度策略

周　军　周青峰　林　晔

【摘要】本文强调了骑行范围和调度区域划分的重要性，提出了利用多模型技术实现地铁站周边共享单车综合调度的均衡策略。首先，基于厦门市乌石浦地铁站早高峰 6 点至 10 点的共享单车订单数据，提取骑行的起点（O）和终点（D），建立出行网络，运用生态学中研究动物出行特征的"家域"方法，结合 ArcGIS 平台，对共享单车的早高峰出行空间范围进行可视化研究。其次，通过 mean_shift 聚类算法，识别出行空间范围内共享单车的聚堆情况，建立泰森多边形，细分调度区域。再次，分析比较不同时间切片下各调度区域共享单车进出流量的差异，挖掘变化规律；最后，运用遗传算法，采用包含最小成本、最大调度满足率的车辆路径模型求解最优调度中心，解决车辆调度问题，为交通管理部门和共享单车运营商的区域交通调度提供新思路。

【关键词】城市轨道交通；共享单车；家域；车辆调度；地铁站点

作者简介

周军，男，硕士，深圳市规划国土发展研究中心，所长，高级工程师。电子信箱：422835812@qq.com

周青峰，男，博士，深圳市规划国土发展研究中心，高级工程师。电子信箱：tianwen610031@163.com

林晔，女，硕士，深圳市规划国土发展研究中心。电子信箱：yezilinye@yeah.net

考虑服务水平的多出行模式
交通网络容量分析

周彦国　张玉一

【摘要】本文通过建立虚拟节点和换乘线段，将多模式交通系统转化为由小汽车网络、公交网络和轨道交通网络组成的超级网络，以此为基础构建基于服务水平的多模式交通网络容量分析模型。模型上层为服务水平限制下 OD 矩阵乘子最大化问题，反映多模式交通网络最大服务能力。模型下层面向多模式交通网络，建立不同出行模式的可靠性计算方法，根据路径行程时间分布上下界建立截断正态分布描述路径的行程时间分布，构建考虑行程时间可靠性的多模式均衡模型。给出求解算法，并结合算例分析验证模型的有效性。

【关键词】多模式网络；交通容量；可靠性；交通分配

作者简介

周彦国，男，本科，沈阳市规划设计研究院有限公司，正高级工程师。电子信箱：1656514413@qq.com

张玉一，男，硕士，沈阳市规划设计研究院有限公司，正高级工程师。电子信箱：15754336682@163.com

多源数据融合在公交线网与
运营优化中的应用

——以宜昌市为例

李鹏飞

【摘要】精细化的城市公交线网布局与运营管理是提升城市公交吸引力和运营效率的关键。本文通过对宜昌市手机信令数据的处理和分析，确定宜昌市人口与岗位、居民出行 OD、出行时间分布等特征数据；通过对公交 IC 卡等刷卡支付数据和车载刷卡机、站台 GPS 数据的匹配分析，获得宜昌市公交出行次、换乘次数和精确的站间 OD 数据；结合移动基站的覆盖半径、地块单元和道路网等，细化交通小区的划分，每个公交站点都有相对应的交通小区；通过对这些数据的融合分析，获得精准的宜昌市居民公交出行 OD 数据。在掌握精准出行需求的基础上，以网络整体的可达性为目标优化公交线网，通过提高网络的覆盖率，优化公交网络和发车间隔的设计，降低公交出行链的行程时间，提高公交的吸引力，通过对公交线网和运营的精细化设计，整体提高宜昌的公交服务水平。

【关键词】多源数据融合；公交线网优化；运营优化

作者简介

李鹏飞，男，硕士，同济大学建筑设计研究院（集团）有限公司，高级工程师。电子信箱：34065904@qq.com

经济学视角下的公交服务属性
及运营评价方法浅析

汪 洋 张 喆 侯亚美 吴丹婷 郑丽丽

【摘要】 自 2011 年交通运输部通知开展国家"公交都市"建设示范工程以来，公交优先发展已经在全国深入人心，很多城市都将"公家优先战略"定位为"市长战略"，将"公交都市创建工程"列为"一把手工程。"但近年来随着地铁项目资金投入的增加，地面公交客流萎缩，公交补贴的边际效益递减。公交如何提质增效，如何实现可持续的高质量发展，就成为一个需要破解的问题。本文尝试从经济学视角分析公交服务的经济学属性，在梳理既有公交运营分析方法的基础上，尝试从财务可持续的视角，建立一套公交运营评价的方法，希望能够为公交管理改革、公交运营提质提供一个不同的思考视角。

【关键词】 经济学视角；公交服务能力利用率；财务平衡

作者简介

汪洋，男，硕士，北京市城市规划设计研究院，高级工程师。电子信箱：bicpjts@163.com

张喆，女，硕士，北京市城市规划设计研究院，工程师。电子信箱：191530493@qq.com

侯亚美，女，硕士，北京交通工程学会，工程师。电子信箱：hellohym@126.com

吴丹婷，女，硕士，北京市城市规划设计研究院，工程师。电子信箱：243691060@qq.com

郑丽丽，女，硕士，北京交通工程学会，工程师。电子信箱：19879342@qq.com

基于收支平衡的公交系统
"十四五"规划研究

——以北京市昌平区为例

张　喆　汪　洋　侯亚美　张　强

【摘要】2021 年是实施"十四五"规划、开启全面建设社会主义现代化国家新征程的第一年，国家"十四五"规划明确提出，做好"十四五"规划编制工作意义重大。北京市"十四五"规划以深入落实城市总体规划为目标，强调了坚持公交优先、强化民生保障的工作重点。本文面向昌平区公交系统"十四五"规划，结合上位规划及"十四五"时期新发展理念，剖析公交系统现状问题，通过周转系数、标准差率两项主要指标划分线路等级，重点结合实施必要性，从收支平衡视角提出分级保障及优化策略，强调落实规划可实施性，指导"十四五"公交设施建设，为昌平区公交线网优化提供支撑，促进公交系统的可持续发展。

【关键词】公交系统；收支平衡；"十四五"；实施

作者简介

张喆，女，硕士，北京市城市规划设计研究院，工程师。电子信箱：191530493@qq.com

汪洋，男，硕士，北京市城市规划设计研究院，高级工程师。电子信箱：bicpjts@163.com

侯亚美，女，硕士，北京交通工程学会，工程师。电子信箱：hellohym@126.com

张强，男，本科，国铁保利设计院有限公司，工程师。电子信箱：374592169@qq.com

以金山铁路为例分析上海市域
（郊）铁路客流特征

王忠强　陈必壮　龙　力　刘　梅

【摘要】截至目前，上海城市轨道交通网络已基本形成，未来 20 年甚至 30 年，上海轨道交通将从单一城市轨道交通模式进入包括市域铁路在内的多模式发展阶段。金山铁路是我国第一条利用既有铁路改建实行公交化运营的市域铁路，上海要进一步发展市域铁路，需要借鉴金山铁路相关经验。客流是轨道交通规划设计的基础，金山铁路作为一条为城市远郊服务的市域（郊）铁路，其客流特征与上海市域范围内其他市通郊轨道线路有所不同。本文结合行业统计数据和乘客出行调查调查数据，对金山铁路客流特征进行全面分析，总结金山铁路发展面临的主要问题，分析优化对策和对上海市域铁路的相关启示。

【关键词】金山铁路；市域（郊）铁路；客流特征；优化对策

作者简介

王忠强，男，博士，上海市城乡建设和交通发展研究院，综合交通规划研究所总工程师，高工。电子信箱：wzqqzw2013@163.com

陈必壮，男，硕士，上海市城乡建设和交通发展研究院，总工程师，教授级高工。电子信箱：allanchenb@163.com

龙力，女，硕士，上海市城乡建设和交通发展研究院，工程师。电子信箱：496196205@qq.com

刘梅，女，硕士，上海市城乡建设和交通发展研究院，工程师。电子信箱：825474418@qq.com

04 交通设施与布局

城市轨道站点定位研究

——以东莞市松山湖站为例

张　强

【摘要】"十四五"期间，东莞将推进的城市轨道交通项目近 5 个，进一步加快 TOD 综合开发项目的落地，助力城市品质持续提升。城市轨道交通站点定位研究作为 TOD 综合开发规划项目重要一环，决定着轨道站点的服务方向，为后续规划提供指导依据，其研究意义显得极为重要。本文以东莞市松山湖站为例，通过对松山湖片区轨道交通情况、产业现状以及松山湖内外产业园区情况的分析，明确松山湖产业发展趋势与方向，结合对区域态势的研判，确定松山湖站定位为松山湖片区公共服务中心，承担区域创新与地区城市服务功能，是片区文化交流中心、创新服务中心、商务办公中心和商业休闲中心。本研究对城市轨道交通站点研究有一定借鉴意义。

【关键词】东莞市；城市轨道；站点定位；松山湖站

作者简介

张强，男，本科，深圳市蕾奥规划设计咨询股份有限公司，助理工程师。电子信箱：467157719@qq.com

高速公路与旅游业融合态势及空间演变研究

赵鑫豪　赵金宝　郭爱鑫

【摘要】人民生活水平的提高促使旅游逐渐成为公众休闲度假的主要选择。高速公路作为推动旅游业发展的先决条件之一，对于旅游业的发展起着至关重要的作用。本文从近 5 年山东省 16 个设区市高速公路与旅游业发展情况入手，利用耦合协调度模型、空间自相关以及重心模型，分析山东省高速公路与旅游业的融合发展态势及重心迁移特征。结果表明：有六市处于全省平均水平以上，其中青岛市耦合协调度最高；东营、滨州高速公路与旅游业发展相对滞后，并带有不一致性。青岛市、烟台市聚集状态表现为"高—高"聚集，高速公路与旅游业重心具有向青岛、烟台地区迁移的趋势，二者的空间差异程度相对较小。山东省高速公路与旅游产业融合发展隐藏着巨大潜力。

【关键词】高速公路；旅游业；耦合协调度模型；空间自相关；重心模型

作者简介

赵鑫豪，男，在读硕士研究生，山东理工大学。电子信箱：1187979302@qq.com

赵金宝，男，博士后，山东理工大学，副教授。电子信箱：jinbao@sdut.edu.cn

郭爱鑫，女，在读硕士研究生，山东理工大学。电子信箱：1458461244@qq.com

基金项目

山东高速集团科技项目"集团高速公路投资对山东省国民经济影响与贡献研究"（2020-SDHS-GSJT-024）。

基于密路网的城市支路
慢行交通空间规划研究

张雪丹　李利珍　王新慧　孙靓雯

【摘要】当前，"窄马路、密路网"城市道路格局逐渐受到推崇。在这种路网条件下，马路变窄，行人过窄马路所需时间变短，街区尺度变小，城市功能更加集中，道路上的机动车变少，慢行交通需求大幅提升。如何从人本位角度出发，塑造舒适有序的城市支路慢行交通空间显得尤为重要。本文重点解析了东京发展经验，明确支路空间规划目标与策略，并以武汉市光谷中心城核心区为例，结合区域特征，对支路进行功能分类，提出设计标准、道路断面布局指引、路口路段优化设计要求等建议，并在区域道路建设中加以应用，进一步保障项目落地实施。

【关键词】密路网；支路规划；慢行空间

作者简介

张雪丹，女，硕士，武汉市交通发展战略研究院，工程师。电子信箱：297324295@qq.com

李利珍，女，本科，武汉市交通发展战略研究院，助理工程师。电子信箱：315194372@qq.com

王新慧，女，硕士，武汉市交通发展战略研究院，工程师。电子信箱：1127486686@qq.com

孙靓雯，女，硕士，武汉市交通规划设计有限公司，工程师。电子信箱：165593542@qq.com

新时期城市慢行交通品质提升策略研究

——以昆山市为例

余启航　傅鹏明　何小洲　钱林波

【摘要】本文在充分梳理慢行交通发展历程与特征以及借鉴国内外慢行交通发展案例经验的基础上，研究了新时期高品质慢行交通发展诉求，并结合昆山市城市发展基础优势、慢行交通发展现状，研究提出了昆山市高品质慢行交通发展价值导向与发展愿景，提出昆山市慢行交通品质提升的具体策略包括深挖掘资源要素、多元化功能配置、广塑造文化特色、全要素完整街道、精准化整治提升、分阶段推进实施六大方面，为昆山市未来高品质城市慢行交通发展提供支撑，也为其他类似地区慢行交通发展提供参考。

【关键词】高质量发展；慢行交通；品质提升；策略

作者简介

余启航，男，硕士，昆山市自然资源和规划局，科长，高级工程师。电子信箱：360363389@qq.com

傅鹏明，男，硕士，南京市城市与交通规划设计研究院股份有限公司，所长助理，工程师。电子信箱：499045448@qq.com

何小洲，男，博士，南京市城市与交通规划设计研究院股份有限公司，总经理助理，所长，正高级城乡规划师。电子信箱：28313414@qq.com

钱林波，男，博士，南京市城市与交通规划设计研究院股份有限公司，总经理，教授级高级工程师。电子信箱：qianlinbo@nictp.com

《公共建筑机动车停车配建指标》要点解读

舒诗楠　李　爽　陈冠男　涂　强

【摘要】针对公共建筑停车配建指标滞后、与停车需求不匹配、与交通发展策略不协调的问题，北京市规划和自然资源委员会组织开展了《公共建筑机动车停车配建指标》DB11/T 1813-2020（以下简称《指标》）编制工作，已于 2021 年 4 月 1 日起正式实施。本文首先对《指标》编制的背景和目的进行了介绍；以公共建筑停车配建指标的发展历程为基础，分析了北京停车供需现状以及现行停车配建指标存在的问题；重点介绍了《指标》编制思路从"满足停车需求"向"调控停车需求"的转变；对《指标》技术要点进行了解读，解析了分类分区差别供给、上限下限管理兼有、与公共交通服务联动的特点。《指标》的实施，不仅能够缓解部分公共建筑的停车矛盾，而且有利于整体调控小汽车出行强度。

【关键词】公共建筑；停车配建指标；停车规划；需求调控；要点解读

作者简介

舒诗楠，男，博士，北京市城市规划设计研究院，工程师。电子信箱：shushinan@126.com

李爽，女，博士，北京市城市规划设计研究院，教授级高级工程师。电子信箱：lishuang@126.com

陈冠男，女，硕士，北京市城市规划设计研究院，工程师。电子信箱：hellocgn@126.com

涂强，男，硕士，北京市城市规划设计研究院，工程师。电子信箱：tuqiang@126.com

绿色健康交通模式视域下城市公共建筑停车位配建标准的反思

王超深　谭　敏　李春玲

【摘要】公共建筑停车位作为非基本停车位，在停车设施供给体系中具有较大的规模，其配建标准高低在很大程度上决定交通模式建构是否合理。但目前国内停车规范对其配建标准并无细致的规定，配建指标呈现明显的地域化特征。为提高公共建筑停车位配建标准的合理性，本文以四川省下属的 17 个地级市为研究对象，采用案例归纳与比较的方法，系统地总结了办公、商业、医院、宾馆与酒店等业态停车位设置标准和演进历程，认为当前绝大多数城市制定的相关配建标准较为随意。而停车位作为调控城市交通结构的核心抓手，较为随意的配建标准不利于慢行或公交导向交通模式的建构。本文建议应由省级主管部门责成地方深刻反思与检讨配建标准，配建标准应进行动态修订与优化，并实施差异化停车分区管控。

【关键词】大中城市；技术管理规定；配建停车位；绿色交通模式；四川

作者简介

王超深，男，博士，四川大学建筑与环境学院，高级工程师。电子信箱：409338893@qq.com

谭敏，男，博士，四川大学建筑与环境学院，副教授。电子信箱：1303281258@qq.com

李春玲，女，博士，四川大学建筑与环境学院，讲师。电子信箱：158633142@qq.com

高密度城市立交空间的生态重塑

——以东京大桥地区为例

黄小川

【摘要】随着城市既有基础设施的老化落后，如何实现城市更新与道路基础设施共发展成为重要课题。本文首先剖析日本城市重建的政策工具和实施流程，梳理其工具类别、激励机制、实施节点及审核等方面的内容与方法。其次解译东京大桥地区结合高速立交、住房和公共空间生态一体化开发的城市更新实践，探讨其城市更新在多方联合开发、以城市更新实现立交开发、立体道路与特定建筑者制度引入、文化营造与生态网络构建四方面的复合开发特征，总结其高速立交更新中的经验教训。最后提出在我国基础设施更新中应倡导重建力量的多元与整合、参与方的权责划分、结合交通空间的地域特色打造，以期为我国交通空间重塑提供经验参考。

【关键词】城市更新；立交空间；一体化开发；生态营造；大桥地区

作者简介

黄小川，男，在读硕士研究生，重庆大学建筑城规学院。电子信箱：523509963@qq.com

堤顶景观绿道规划设计方法探索研究

——以崇明环岛景观路为例

张开盛

【摘要】为研究利用海塘堤顶道路打造生态景观绿道，本文以崇明环岛一线海塘改造为例进行了环岛景观路规划策略研究。从海塘防汛提标需求出发，梳理一线海塘达标及贯通情况，提出堤顶景观路贯通方案及河口闸桥建设模式。从交通需求出发，规划快、中、慢结合的到发及游憩路网体系，并通过路堤合一、堤顶路断面组织、纵向连接道路强化、服务对象控制，提升可达性及慢行品质。结合地方特色及环境资源禀赋，总结生态旅游提升策略。通过海塘优先外拓、景观分段、驿站规划、出入口加密及分区绿化设计，强化堤顶景观绿道的旅游质量，在带动沿线发展的同时整治沿线环境，达到生态景观旅游碳中和的目的。研究所提出的规划理论框架为堤顶道路的生态化利用及交通规划方式提供了依据。

【关键词】景观绿道；防汛提标；堤顶路；生态景观

作者简介

张开盛，男，硕士，上海市城市建设设计研究总院（集团）有限公司，工程师。电子信箱：zhangkssjtu@163.com

轨道站域紧凑性评价研究

——以重庆为例

陈易林　唐小勇

【摘要】本文针对轨道站域，综合考虑城市功能布局、人口出行活动、周边用地开发、步行可达性、轨道车站一体化换乘水平等，从城市和轨道车站两个层面提出了紧凑性评价指标，并基于熵值法提出了紧凑性综合评价方法。以重庆轨道车站为例，基于多源大数据，开展了轨道站域紧凑性评价指标计算。分析结果表明，地块面积、地块长边、超大地块数占比、步行网络密度等对综合评分影响最显著。最后提出了控制规划地块尺度、构建放射步行网络、优化轨道车站出入口、完善轨道与地面公交换乘等提升轨道站域紧凑性的方法。

【关键词】紧凑城市；紧凑性评估，轨道车站；TOD

作者简介

陈易林，女，硕士，重庆市交通规划研究院。电子信箱：729561434@qq.com

唐小勇，男，博士，重庆市交通规划研究院，副总工程师，正高级工程师。电子信箱：71780738@qq.com

济南市中心城道路网规划实施评估及建议

郝晓丽　　刘贵谦　　刘冰冰

【摘要】本文首先通过梳理济南市现状路网和规划路网情况，利用 ArcGIS 并借助百度大数据从道路网实施率、道路网可达性和道路网需求匹配度等方面对济南现状路网进行评估。随后根据评估状况，分析总结济南市现状路网及建设中存在的问题。最后针对问题从规划、技术和政策等方面提出相关建议，对济南市道路网的规划和建设具有重要的指导借鉴作用。

【关键词】道路网；路网评估；实施率；可达性；需求匹配

作者简介

郝晓丽，女，硕士，济南市规划设计研究院，工程师。电子信箱：jnhxl2014@126.com

刘贵谦，男，硕士，山东省建筑设计研究院有限公司，工程师。电子信箱：871201112@qq.com

刘冰冰，男，硕士，济南市规划设计研究院，工程师。电子信箱：895792855@qq.com

郊区城镇带公交客运走廊规划设计研究

——以上海崇明区为例

【摘要】在崇明世界级生态岛发展战略背景下，发挥综合交通对城镇格局的支撑和引导作用至关重要。本文从郊区城镇带特征入手，以上海崇明区为例，深入分析沿线用地、人口及出行特征，研判了面向 2035 年郊区城镇带交通发展趋势及面临的关键问题，从而有针对性地提出郊区城镇带公交发展模式，确定公交客运走廊的功能定位，根据世界级生态岛规划建设目标及公交客运走廊客流特征，探讨客运走廊制式，并从敷设形式、站点设置、运营组织等角度，提出郊区城镇带公交客运走廊线路设计建议。研究成果可为低密度开发区域绿色交通出行模式及公交走廊规划设计提供可借鉴的范例。

【关键词】郊区城镇带；公交客运走廊；功能定位；公交制式；线路设计

作者简介

张玉，女，硕士，上海市城市建设设计研究总院（集团）有限公司，工程师。电子信箱：zhangyu2@sucdri.com

基于地域差异的县级市停车规划策略分析

何　鹏　於　昊

【摘要】为探讨地域差异角度下差别化停车规划策略的制定，本文以华东、华北地区具有代表性的县级市为例，首先从城市区位、经济发展、空间结构等方面分析了两城市基本发展特征。基于此，从车位供给、建设模式、运行管理等方面详细剖析了两城市停车特征的趋同性、差异性；重点探讨了基于地域特性，不同城市在分区管控政策、停车供给模式、路内停车管理、远期预控方法四个方面的差异化。旨在通过对差别化规划策略的分析，为县级市停车发展提供新的路径及思路。

【关键词】县级市；停车规划；地域差异；规划策略

作者简介

何鹏，男，硕士，南京市城市与交通规划设计研究院股份有限公司，工程师。电子信箱：315211580@qq.com

於昊，男，硕士，南京市城市与交通规划设计研究院股份有限公司，研究员级高级工程师。电子信箱：916782606@qq.com

缓解天津市老旧社区和
医院停车难问题研究

徐 志

【摘要】停车问题是城市化和机动化发展过程中的突出问题，其不仅是供需矛盾的空间问题，也是认识问题、政策问题和社会问题。为了解决天津市最为突出的老旧社区和医院停车难问题，本文分别针对老旧社区和医院开展了问题及原因、难点分析、案例研究，提出了解决方案、组织模式，明确了资金来源以及支持政策，希望通过机制完善和政策统筹推动城市重点、难点地区停车问题的改善。

【关键词】停车；老旧社区；医院；解决方案；组织模式

作者简介

徐志，男，博士，天津市城市规划研究总院有限公司，高级工程师。电子信箱：18825834@qq.com

郑州城轨沿线土地综合开发的对策与建议

陈广璐　李晓培

【摘要】本文结合《国务院关于城市优先发展公共交通的指导意见》及《国务院办公厅关于支持铁路建设实施土地综合开发的意见》等文件精神，阐述郑州城市轨道交通沿线土地综合开发发展历程与现状，通过对比典型案例，深入分析郑州城市轨道交通沿线土地综合开发在规划审批、土地政策等方面存在的问题和不足，并借鉴国内相关城市典型案例的实践经验，从规划设计、土地管理等角度提出郑州城市轨道交通沿线土地综合开发的对策与建议，以期为郑州城市轨道交通沿线土地综合开发提供一定的政策理论支撑，促进城市轨道交通与城市建设协调发展。

【关键词】城市轨道交通；土地综合开发；规划设计；土地政策

作者简介

陈广璐，女，在读硕士研究生，郑州大学旅游管理学院，在读硕士研究生。电子信箱：chenguanglu1025@163.com

李晓培，男，硕士，铁道警察学院，讲师。电子信箱：lixiaopei@rpc.edu.cn

"站城融合"下的高铁枢纽街区步行系统规划策略研究

——以北京城市副中心站为例

涂　强　张　鑫　罗小未

【摘要】高铁枢纽的交通出行服务是城市公共服务的有机组成部分，与人群活动特征高度耦合且功能复合多元的立体步行系统有助于实现站城融合的规划目标。以北京城市副中心站所处0101街区为例，本文着重讨论了该街区从枢纽到街区一体化立体步行系统的规划设计策略，以步行系统为促进站城融合的粘合剂，基于步行需求预测模型实现以流定形，通过分层差异化策略构建地下、地面和地上立体连续的步行系统，串联并整合枢纽站内外多模式交通和街区多样化服务资源，营造安全、舒适、便捷的高品质站城步行环境，促进街区交通体系由"个人机动交通"向"共享绿色交通"转变，强化步行系统对枢纽街区城市功能发展的有力支撑。

【关键词】高铁枢纽街区；站城融合；立体步行系统；分层差异化策略

作者简介

涂强，男，硕士，北京市城市规划设计研究院，规划大数据联合创新实验室主任研究员，工程师。电子信箱：tuqiang729@163.com

张鑫，男，硕士，北京市城市规划设计研究院，交通规划所主任工程师，高级工程师。电子信箱：31917563@qq.com

罗小未，女，硕士，弘达交通顾问有限公司，副董事，高级工程师。电子信箱：Maybal.Luo@mvaasia.com

基金项目

世界银行 GEF 六期"城市层面以公共交通为导向的城市发展（TOD）战略的制定与实施"北京试点子项目。

温州立体停车场库建设的政策研究

周昌标

【摘要】我国各大城市普遍存在停车难的问题。在土地资源紧缺的背景下，停车场库的立体化建设是大势所趋。本文以民营经济的发祥地温州为例，以提高停车泊位的供给量为目的，提出了四项推动立体停车场库建设的政策：①引导社会资本对独立占地的公共停车场进行立体化开发建设；②推广对绿地、广场进行分层开发建设，地表维持原有功能，出让地下空间建设停车场；③核心区域的政府投建项目全面执行地下空间两层满铺建设；④鼓励开发商投建项目超额配建停车泊位，允许超配泊位对外分割销售。本文对上述各项政策的可行性和实施效果进行了初步探讨，研究成果可作为温州缓解停车难政策制定的参考依据，也可为国内其他城市提供一定的参考价值。

【关键词】停车场；立体化建设；政策设计

作者简介

周昌标，男，本科，温州市城市规划设计研究院，副总工程师，高级工程师。电子信箱：11735397@qq.com

北京市高速公路沿线自行车骑行现状及骑行环境提升对策

马　瑞

【摘要】骑行作为零碳、环保、健康、绿色的交通方式一直受到国际各城市的青睐，除常规非机动车道外，以哥本哈根、伦敦为代表的城市最先开始了自行车高速公路的探索并收获成果颇丰。新冠肺炎疫情在北京的爆发使得骑行在中长距离出行中的优势逐步显现，自行车高速公路作为"连接新城和中心城区的通勤骑行路线"重回骑行者视野。面对市民对于沿线骑行环境品质的更高要求，本文将针对京藏高速沿线骑行者需求和环境品质情况开展观测调查，从规划、设计、建设、管理等各个方面持续推进自行车交通出行环境品质提升。研究发现，疫情常态化后骑行特征已与传统认知产生差异，长距离骑行人群正日渐壮大，沿线空间环境问题主要表现为立交桥区路权混乱、公交车站干扰骑行、机动车长期占道、逆行骑行等。本文将针对以上问题，以全新视角解读高速公路功能提升，探索出一套存量发展背景下高速公路沿线精细化设计策略及改造提升工具箱，为高速公路沿线骑行环境品质提升提供支撑，助力城市健康发展。

【关键词】新冠肺炎疫情；自行车高速公路；环境品质提升；精细化设计；改造工具箱

作者简介

马瑞，女，硕士，北京艾威爱交通咨询有限公司，助理工程师。电子信箱：179799416@qq.com

大型社区交通空间优化策略研究

梁素芳

【摘要】由于地理地质、规划、历史等原因，我国一些城市出现不少粗放式的大型社区，交通问题甚多，给交通参与者带来不便，也给城市交通管理者带来很大的压力。本文以济南鲁能领秀城为案例，秉承城市"双修"理念，利用开源数据、地理信息技术等手段，以社区交通的可达性、职住分布、综合交通组织等因素为切入点，解析交通问题形成的原因；以释放道路通行能力、改善交通空间环境、满足居民出行品质需求为目标，整合现有交通资源，优化交通组织，打造完整街道；结合社会发展提出新的管理模式，缓解社区交通压力，以期为其他城市或社区的交通空间优化提供借鉴参考。

【关键词】大型社区；交通空间改善；和谐共享；完整街道

作者简介

梁素芳，女，硕士，山东轨道交通勘察设计院有限公司，中级工程师。电子信箱：liang-su-fang@163.com

功能复合型古城公交系统规划研究

唐　炜　王远回

【摘要】为平衡功能复合型古城游客和居民对公交出行的差异化诉求，并解决常规的城市公交系统难以适应古城小尺度街巷的问题，本文识别出功能复合型古城公交发展存在的共性问题，针对性地从交通发展基本模式、公交体系总体架构、出行尺度等角度提出了古城公交规划三大策略。以泉州古城为例，结合泉州组团式城市空间结构提出了以三类出行为基础的公交架构，并在细化需求的基础上提出了与古城功能相适应的多层次公交体系，并综合考虑古城道路条件提出了居民外围接驳和游客内部集散的组织策略，进一步根据古城旅游性交通和生活性交通的需求特征分类提出了具体的公交线网方案。

【关键词】公交规划；古城；公交体系；交通组织

作者简介

唐炜，男，硕士，长沙市规划勘测设计研究院，工程师。电子信箱：tang312wei@163.com

王远回，男，硕士，深圳国家高技术产业创新中心，高级工程师。电子信箱：806965625@qq.com

应对高强度出行的路网可靠性
指标体系研究

郝　媛　王继峰　徐天东

【摘要】城市路网可靠性是建设智慧城市、韧性城市的重要内容，应作为城市道路交通管理平台的重要评价内容。本文以应用于城市路网可靠性监测平台为目的，针对不同类型用户需求，以实用性为导向，结合不同规模、不同地域、不同形态的城市各类相关资料获取的难易程度提出路网可靠性评价指标体系。当只有路网信息可获得时可以通过路网形态可靠性、路网连通可靠性指标评价路网结构性能；结合城市用地和人口资料，可以通过城市路网容量可靠性、特定区域容量可靠性指标评价用地与路网的匹配性；结合路网多元检测数据，可以通过行程时间可靠性、畅通可靠性评价路网运行性能。本文所推荐指标具备明确指向性、可比性和较强可操作性，适合各类城市构建基础版、升级版、完善版的城市路网可靠性检测平台。

【关键词】路网可靠性；路网结构；用地与路网匹配；路网运行

作者简介

郝媛，女，博士，中国城市规划设计研究院，正高级工程师。电子信箱：277712368@qq.com

王继峰，男，博士，中国城市规划设计研究院，教授级高级工程师。电子信箱：wangjifeng@gmail.com

徐天东，男，博士，美国佛罗里达大学，教授。电子信箱：tdxu2008@gmail.com

基金项目

国家重点研发计划资助"基于城市高强度出行的道路空间组织关键技术"（2020YFB1600500）。

围绕轨道站点的城市绿色交通系统融合模式研究

——以成都市为例

谭 月 张 葵

【摘要】基于以高效绿色交通服务推动城市低碳出行新风尚的要求，研究以轨道交通为主体，融合常规公交和慢行系统，构筑立体绿色交通体系的规划路径与模式。围绕轨道站点，通过对城市绿色交通客流大数据的研究分析，精准识别城市不同区域轨道与常规公交和慢行系统的换乘衔接需求特征，结合换乘需求量分布、换乘接驳方向、换乘衔接方式划分等要素明确绿色交通接驳模式。根据不同接驳模式，针对性地提出常规公交和慢行接驳系统接驳设施的供给方式，高效配置绿色交通系统资源。本文通过大数据方法分析绿色交通衔接融合模式，结合不同绿色交通方式的接驳特点，对城市不同区域的轨道、公交和慢行"三网融合"的相应策略提出建议。

【关键词】绿色交通；轨道站点；数据分析；系统融合

作者简介

谭月，男，硕士，成都市规划设计研究院，主任规划师，高级工程师。电子信箱：546304836@qq.com

张葵，男，硕士，成都市规划设计研究院，规划师。电子信箱：380472051@qq.com

中小城市空间格局与交通枢纽的互动发展研究

——以镇江为例

孙兴堂　王　鹤　梁娇娇　纪书锦

【摘要】城市空间格局的发展演变是由多种因素导致的，其中与交通因素的关联最为明显。对于中小城市来说，借助交通枢纽优化空间格局、推动城市发展具有重要意义。本文在分析交通枢纽与城市空间格局关系的基础上，对镇江市城市空间格局的形成、演变以及促进因素进行了较为详细的分析研究，提出交通枢纽是集聚中小城市发展动力、引导中小城市空间开发的重要支撑。对未来镇江市城市空间发展方向作了初步设想，即充分借助交通枢纽资源，推动城市格局的优化发展，并提出了"外联沪杭、宁镇同城、内聚一体、协同发展"的发展思路。以期在新一轮国土空间规划背景下，为其他中小城市的发展提供借鉴。

【关键词】中小城市；空间格局；交通枢纽

作者简介

孙兴堂，男，硕士，镇江市规划勘测设计集团有限公司，高级工程师。电子信箱：sunxingtang@qq.com

王鹤，女，硕士，镇江市规划勘测设计集团有限公司，高级工程师。电子信箱：sunxingtang@qq.com

梁娇娇，女，硕士，镇江市规划勘测设计集团有限公司，工程师。电子信箱：sunxingtang@qq.com

纪书锦，男，硕士，镇江市规划勘测设计集团有限公司，高级工程师。电子信箱：sunxingtang@qq.com

面向老旧小区停车难问题的停车规划成套技术

陈 昊 钱 静 汤伟健 胡 飞

【摘要】为解决城市老旧小区停车供需矛盾大、挖潜空间小及挖潜盲目性等停车难问题，本文基于"需求、效率与公平"三位一体的规划导向，构建了老旧小区停车规划模型，并提出了面向不同场景模式的老旧小区停车挖潜设计指南，指南通过对比分析各类停车设施类型特点，设计了 2 大类 11 种场景模式下的停车挖潜设计最优解，能够为各类老旧小区停车挖潜提供可参考的设计模板。此外，还针对老旧小区内部挖潜空间有限的现实问题，提出了利用老旧小区周边城市更新用地增配停车泊位的规划方法。研究结论对城市更新中缓解老旧小区停车难的问题具有借鉴价值。

【关键词】老旧小区；停车规划；供需模型；成套技术

作者简介

陈昊，男，硕士，华设计集团股份有限公司，主任工程师，工程师。电子信箱：175482784@qq.com

钱静，女，硕士，华设计集团股份有限公司，工程师。电子信箱：543573597@qq.com

汤伟健，男，硕士，华设计集团股份有限公司，助理工程师。电子信箱：415209665@qq.com

胡飞，男，硕士，华设计集团股份有限公司，助理工程师。电子信箱：fenghuseu@163.com

武广高铁二线长沙段功能
定位及线路走向研究

伍 艺 文 颖

【摘要】京广高铁作为我国的南北向高速铁路大动脉，沿线有众多干线、支线高铁接入，客流压力颇大。尤其是武广区间段，为进一步推动长江中游城市群、粤港澳大湾区的协同发展，推进长沙市国家高铁枢纽城市目标的实现，武广高铁二线的建设必要且迫切。本文在剖析长沙市铁路系统存在的主要问题的基础上，结合长沙市铁路系统发展规划、国内外高铁系统布局趋势，明确武广高铁二线长沙段承担城市群间的高铁运输功能、长株潭城市群内的城际功能、链接各高铁通道的铁路枢纽功能。同时结合长沙市城市规划、综合交通规划等因素，明确长沙西站为线路主站点，重点从现状影响、与城市规划协调性、枢纽集疏散条件、工程技术条件、工程投资等方面，对武广高铁二线长沙段线路方案进行综合比选，推荐望城区设铜官站、梅溪湖二期设麓谷站、大王山片区设大王山站方案。

【关键词】武广高铁；高铁二线；线路比选；铁路枢纽；城际铁路

作者简介

伍艺，女，硕士，长沙市规划勘测设计研究院，工程师。电子信箱：191456004@qq.com

文颖，男，硕士，长沙市规划勘测设计研究院，高级工程师。电子信箱：183617183@qq.com

基于运旅融合的长沙市
旅游集散中心布局研究

伍　艺　刘　奇

【摘要】近年来旅游市场"散客化"趋势明显，旅游集散中心个性化、定制化需求增加。长沙"山水洲城"旅游资源丰富，是国家首批历史文化名城。其交通基础设施完善，但交通运输与旅游产业割裂发展，融合不足，不利于旅游业的长足发展。本文基于运旅融合视角，重点研究旅游集散中心的旅游集散功能、旅游咨询功能、旅游换乘功能三大功能中的换乘功能。针对长沙市现状旅游集散中心规模不足、布局不优、配套不全等问题，结合杭州、丽水等城市旅游集散中心分级布局的经验，提出长沙市旅游集散中心布局应以"方便快捷、需求匹配、规划衔接、实施可行"为基本原则，建立依托国家级客运枢纽、区域级客运枢纽以及重要景区集中地段的三级旅游集散中心体系，同时应建立管理机制、加强营销宣传、强化安全意识，以带动长沙全域旅游的发展。

【关键词】旅游集散中心；布局方法；布局原则；运旅融合；长沙市

作者简介

伍艺，女，硕士，长沙市规划勘测设计研究院，工程师。电子信箱：191456004@qq.com

刘奇，男，硕士，长沙市规划勘测设计研究院，高级工程师。电子信箱：70953008@qq.com

基于高速公路快速化改造的
交通空间重塑研究

王新慧

【摘要】本文以高速公路快速化改造方案与城市空间融合为研究对象，深入研究交通与城市空间、区域空间的联动关系，制定交通与用地融合的道路快速化改造方案。以武黄高速改造方案为例，从城市空间布局、用地特征、城市功能定位、区域交通出行特征等角度出发，深入剖析道路的功能定位，并提出地面主辅路和高架+地面辅路两种改造方案。通过定量与定性相结合的方法进行方案比选，以交通空间重塑为依托，深入分析两个方案在道路服务交通流量、道路与用地的互动关系、道路与区域路网融合等方面的优缺点，得出高架+地面辅路方案更适合光谷区域发展的结论。

【关键词】空间重塑；高速公路；快速化改造；交通需求特征；慢行空间

作者简介

王新慧，女，硕士，武汉市交通发展战略研究院，工程师。
电子信箱：1127486686@qq.com

融合物流快递的中等
城市铁路货运发展思考

——以天津市蓟州区为例

袁扬 韩宇

【摘要】蓟州区既有铁路货运资源禀赋充足，但服务城市发展互动关系不强。本文以蓟州区铁路货运发展特征和现状问题分析为基础，紧密对接相关规划，提出蓟州区铁路货运发展的三大策略，重点论证上述策略的必要性和可行性。研究认为蓟州区发展铁路物流基地，可提升铁路货运发展水平，落实京津城市服务保障基地功能；发展铁路城市配送节点，可对接城市发展需求，加强铁路交通与现代物流融合发展；发展高铁快运业务，可进一步发挥铁路运输效能，促进铁路交通与邮政快递融合发展。经分析，上述三个策略均具备可实施性。

【关键词】铁路货运；铁路物流基地；城市配送节点；高铁快运

作者简介

袁扬，男，博士，天津市城市规划设计研究总院有限公司，高级工程师。电子信箱：442688942@qq.com

韩宇，男，硕士，天津市城市规划设计研究总院有限公司，正高级工程师。电子信箱：yuanruotingok@163.com

深圳西丽枢纽交通组织和
设施布局规划探索

【摘要】现阶段高品质综合交通枢纽规划建设成为行业发展热点，如何保证枢纽的整体系统运行效率和服务品质是研究的关键所在，尤其在高密度城市核心区新建大型地下综合交通枢纽具有极大的挑战性，因此需要科学合理的规划方法支撑。本文以深圳西丽枢纽为例，分析枢纽规划需重点解决的城市核心区叠加大型综合交通枢纽的交通可持续发展、常态化大客流的地下综合交通枢纽安全高效组织等问题，探索提出区域疏解、管道组织的枢纽道路交通组织策略以及以人为本、立体分层、集约用地的枢纽设施布局策略，以打造以人为本、安全高效的城市大型地下综合交通枢纽。

【关键词】综合交通枢纽；交通组织；设施布局

作者简介

邓晓庆，男，硕士，深圳市规划国土发展研究中心，工程师。电子信箱：dengxiaoqingtb@163.com

城市轨道枢纽与立交叠合的处理方法

——以深圳雅园立交为例

夏迎莹　傅俊锐

【摘要】随着城市轨道不断发展，通道资源紧张迫使早期立交通道与轨道节点重合，人行与车行、城市融合与立交阻隔的矛盾为城市开发带来问题和机遇。本文以深圳雅园立交为例，提出"城市+轨道+交通"的综合解决方案，详述城市融合破离散、连续品质破割裂、简化立交成共赢的策略。并针对此类空间投资大、内容杂的情况，提出经济平衡、统筹协同的思路，指导枢纽带动老区发展。

【关键词】轨道换乘枢纽；城市立交；叠合；轨道地下空间；地上地下一体化

作者简介

夏迎莹，女，本科，深圳市城市交通规划设计研究中心股份有限公司，中级工程师。电子信箱：230913766@qq.com

傅俊锐，男，本科，深圳市城市交通规划设计研究中心股份有限公司，初级工程师。电子信箱：fujunrui@sutpc.com

城市道路交通详细规划设计技术方法研究

刘志杰

【摘要】本文以城市道路规划设计及建设实例为基础，分析了现阶段城市道路规划设计中存在的问题，以及问题产生的根本原因，提出交通详细规划工作的重要性，并从交通规划、交通设计系统角度分析交通详细规划的功能定位，论述道路交通详细规划的目的、意义及基本理念，并借鉴南昌、深圳等城市的道路交通详细规划工作实践经验，从规划重点、编制技术要点、保障体系等角度系统论述如何开展交通详细规划工作。最后，以江西省南昌市二七通道交通详细规划为例，阐述本文的研究成果。

【关键词】城市道路；交通规划设计；交通设计；交通详细规划

作者简介

刘志杰，男，硕士，深圳市城市交通规划设计研究中心股份有限公司，高级工程师。电子信箱：lzj@sutpc.com

高密度城市直升机起降点
设施规划探索与思考

——以深圳为例

张　奇　黄肖丞蔚

【摘要】伴随通用航空行业分类管理改革以及"低空经济"的蓬勃发展，面向高密度城市综合应用的通用航空设施体系正逐步融入城市基础设施建设，同时以直升机起降点为主的地面设施也得到越来越多的社会关注。有别于传统公共交通设施，直升机起降点是构建城市低空立体交通网络的重要支点，也将直接影响未来城市空间规划。本文以深圳为例，阐述直升机起降点在城市空间开发过程中的价值体现，借鉴国际高密度城市直升机起降点规划建设经验，以规划、布局、选址为主线重点解析深圳直升机起降点布局技术要点，并提出高密度城市直升机起降点设施规划探索与思考。

【关键词】高密度城市；通用航空；直升机起降点；设施规划

作者简介

张奇，男，硕士，深圳市城市交通规划设计研究中心股份有限公司，资深工程师。电子信箱：643025708@qq.com

黄肖丞蔚，男，硕士，深圳市城市交通规划设计研究中心股份有限公司，助理工程师。电子信箱：huangxiaochengwei@sutpc.com

自动驾驶影响下已建住区
街道空间改造研究

王一飞　赵之枫

【摘要】众多研究表明，自动驾驶技术将在 2030 年得到普及，同时我国街道设计理念逐渐开始重视以人为本，将路权回归行人。本文的目的是针对上述情况，研究自动驾驶影响下，北京已建住区的街道空间会发生哪些变化以及设计思路须如何转变。本文运用文献调查和实地调研的方法，以首都北京的已建住区为研究对象，选取三个不同年代建成的住区，依据国内外的相关研究结论及北京市的街道空间设计导向，对住区内的街道空间进行改造设计，比对设计成果之后，得出自动驾驶的普及对已建住区有何影响的结论，包括有效解决停车占地问题、提升街道环境质量、增设便民设施、丰富街道空间、践行海绵城市建设等。

【关键词】自动驾驶；已建住区；街道空间设计

作者简介

王一飞，女，在读硕士研究生，北京工业大学。电子信箱：18810355700@163.com

赵之枫，女，博士，北京工业大学，教授。电子信箱：judy_zhao@sina.com

宜居理念下广州市地铁站点
综合体交通规划设计研究

刘尔辉　陈海伟　曾莉莉　曹智滔

【摘要】地铁站点上盖综合体开发作为站城一体化发展的核心部分，不仅需要实现"零换乘"的交通功能，还应注重综合体的整体宜居性设计。本文以"动静分区、内外分流、快慢分离、人车分行"为基本原则，以构建"安全、便捷、高效、绿色、智慧"的立体交通体系为目标，提出宜居城市理念下地铁站上盖综合体的交通规划设计策略，旨在实现地铁站点综合体交通功能与城市功能的有机融合。广州市作为我国宜居城市建设的排头兵，目前正大力推进综合交通枢纽示范工程城市和枢纽综合体的规划建设工作，积极发展"枢纽+社区+产业"的综合体建设模式，有助于为实现宜居性设计与场站综合体设计的相互结合。本文选取在建12号线槎头站上盖开发综合体项目作为案例，对广州市轨道综合体的交通宜居性设计要点进行研究和探讨。

【关键词】城市轨道交通；地铁站点上盖综合体；宜居城市理念；交通规划设计

作者简介

刘尔辉，男，硕士，广州市交通规划研究院，工程师。电子信箱：2220911126@qq.com

陈海伟，男，硕士，广州市交通规划研究院，工程师。电子信箱：302705147@qq.com

曾莉莉，女，硕士，华南理工大学土木与交通学院。电子信箱：3233967342@qq.com

曹智滔，男，本科，广州市交通规划研究院，助理工程师。
电子信箱：271088045@qq.com

大城市停车矛盾分析与综合治理对策研究

刘超平　於　昊　钱林波

【摘要】随着城市化与机动车发展，我国城市的停车供需矛盾成为普遍和共性的问题，特别是对于已经进入存量发展的大城市，单纯通过增加设施供给来缓解停车供需矛盾的方法已经失效，需要采取更加系统化、精细化的综合治理对策。本文以南京为例，通过对主城区停车运行状况和供需矛盾的分析，研判主要问题、原因及发展趋势，提出了"停车有序、动静平衡、良性发展"的停车综合治理目标，结合治理目标与思路，从挖潜、提效、增供、管理、调控等方面系统地梳理了停车综合治理对策，并提出了片区单元的精细化治理策略。

【关键词】城市停车；综合治理；对策

作者简介

刘超平，男，硕士，南京市城市与交通规划设计研究院股份有限公司，高级工程师。电子信箱：277595681@qq.com

於昊，男，硕士，南京市城市与交通规划设计研究院股份有限公司，研究员级高级城市规划师。电子信箱：277595681@qq.com

钱林波，男，博士，南京市城市与交通规划设计研究院股份有限公司，研究员级高级工程师。电子信箱：277595681@qq.com

北京市公交场站综合利用的探索与实践

张　鑫　寇春歌　王君明

【摘要】公交场站作为城市公共交通体系的重要基础设施，建设缓慢一直是制约公交服务提升的主要瓶颈。本文首先总结了过去 20 年北京市公交场站规划建设的经验和教训，然后从深层次评估了场站建设缓慢的原因，并提出综合利用是未来北京公交场站规划建设的主要方式，最后结合北京市公交场站的具体实践，提出了未来综合利用公交场站在用地、功能、主体等方面的思路和方向。

【关键字】公交场站；综合利用模式；发展方向；规划实施对策

作者简介

张鑫，男，硕士，北京市城市规划设计研究院，教授级高级工程师。电子信箱：31917563@qq.com

寇春歌，女，硕士，北京市城市规划设计研究院，工程师。电子信箱：kouchunge0406@163.com

王君明，男，硕士，北京公共交通控股（集团）有限公司，高级工程师。电子信箱：w.j.ming@126.com

新时期城镇道路跨障碍通道规划设计研究

闵佳元

【摘要】在新时期城镇化背景下，新型城镇道路建设作为未来城市发展的主要方向，是城市发展的重要支撑，但目前我国城镇交通基础设施规划与自然环境、铁路、高快速路、高压线路等设施之间仍存在较大冲突。本次研究以新型城镇尺度下的重要跨障碍通道为对象，探索城镇道路跨障碍通道规划设计的优化方法。基于新时期城镇跨障碍通道建设面临的现状困境与推进难点，采用"量体裁衣"的思路，秉持"以人为本"的规划设计原则，提出科学化、合理化、规范化、可落地实施的优化建议，为城镇地区跨障碍通道建设提供设计参考。

【关键词】新型城镇；跨障碍通道；以人为本；优化建议

作者简介

闵佳元，男，硕士，南京市城市与交通规划设计研究院股份有限公司，工程师。电子信箱：946841476@qq.com

电动汽车公共充电桩布局方案评价方法

王宇萍　王连震　吴大伟

【摘要】随着社会现代化的深入推进，环境保护和资源利用可持续化发展的重要性愈发显著。电动汽车因其在节能、效率、环保等方面的突出优势，开始越来越多地进入城市交通系统。然而目前充电桩等相关配套设施缺乏合理的设置依据，不利于电动汽车的可持续发展。本文根据充电桩及电动汽车充电特性，提出了电动汽车充电需求和充电桩设置数量分析方法；构建了包含社会条件、基本条件等一级指标及气象因素、地理因素等二级指标在内的公共充电桩布局方案评价指标体系，建立了基于模糊综合评价法的公共充电桩布局方案评价模型，并进行了案例分析。结果表明，本文提出的方法可以为确定公共充电站充电设施规模及布局方案提供定量依据，有利于揭示影响充电桩布局的关键因素，对优化公共充电站的设施布局有一定的应用价值。

【关键词】电动汽车；充电桩；布局方案；评价指标体系；模糊综合评价

作者简介

王宇萍，女，硕士，哈尔滨市城乡规划设计研究院，高级工程师。电子信箱：wangyuping004997@163.com

王连震，男，博士，东北林业大学，讲师。电子信箱：rock510@163.com

吴大伟，男，本科，东北林业大学。电子信箱：278525449@qq.com

基金项目

国家自然科学基金青年科学基金项目（71701041）；

黑龙江省自然科学基金项目（LH2019E007）。

有轨电车网络化发展实践、趋势及对策研究

黎冬平

【摘要】为明确有轨电车的可持续发展路径，本文通过数据统计分析了有轨电车网络化发展现状，总结了沈阳浑南、上海松江、深圳龙华等典型案例的应用特征，提出了当前国内有轨电车网络化发展存在的持续性不强、功能应用单一、运营线路灵活性不强等问题。结合城市发展与交通需求，认为有轨电车将迎来规模化、网络化、多样化发展趋势；基于技术特征，从理清适应性、提升交叉口能力、分层次定标准、优化运营组织及多方式融合等方向提出了关键技术对策，认为核心是要基于人的出行需求做好工程规划与交通组织设计，提供差异化、针对性的系统交通服务，形成网络化的建设运营态势。

【关键词】有轨电车；发展实践；案例应用；关键技术

作者简介

黎冬平，男，博士，深圳市城市交通规划研究中心股份有限公司，上海分院副院长，高级工程师。电子信箱：lidongping@sutpc.com

公共利益导向的公交首末站用地复合利用探析

——以深圳为例

梁对对　杨　涛　邓　娜

【摘要】自《国务院关于城市优先发展公共交通的指导意见》明确要加强公共交通设施用地综合开发以来，越来越多的城市开始了这方面的探索与实践。深圳在公交场站转型发展之际，就要求"今后新建公交场站必须与上盖物业统一规划建设"，从此复合利用成为公交首末站用地实施的必经之路。本文在全面梳理公交首末站用地复合利用影响因素的基础上，结合深圳土地出让等宏观政策、城市规划管理及新时期发展要求、既有规划公交首末站用地条件等实际情况，研究提出以公共利益为导向的公交首末站用地复合利用方向、功能类型建议和规划管控要求。最后，综合深圳公交运营体制、场站管理模式等，提出政府主导的公交首末站用地复合利用实施路径建议，以指导首末站用地的顺利实施和高效利用。

【关键词】公共利益；公交首末站；复合利用；规划管控；实施路径

作者简介

梁对对，女，硕士，深圳市规划国土发展研究中心，高级工程师。电子信箱：466570487@qq.com

杨涛，男，硕士，深圳市规划国土发展研究中心，高级工程师。电子信箱：yangtao_suprc@163.com

邓娜，女，硕士，深圳市规划国土发展研究中心，助理工程师。电子信箱：1026579968@qq.com

车路协同路侧交通设施体系及
自动驾驶道路分级标准研究

熊文华　胡少鹏　王　佩

【摘要】交通基础设施与自动驾驶车辆之间的协同能提高自动驾驶的安全性和可靠性。本文通过对自动驾驶车辆功能局限性进行分析，找出自动驾驶车辆对路侧交通设施的潜在需求，从功能角度将路侧交通设施分为常规交通管理设施、交通协同设施、基站及网络设施、高精度定位设施及路内服务设施等，构建了车路协同路侧交通设施体系。并在此基础上，从路侧设施配套分级设置的角度，提出四级自动驾驶道路分级标准以及配套路侧设施设置要求，细化完善当前自动驾驶"路端"管理方面的技术要求，为管理部门提供参考。

【关键词】自动驾驶；路侧交通设施；自动驾驶道路；分级标准；车路协同

作者简介

熊文华，男，硕士，广州市交通规划研究院，高级工程师。电子信箱：285808139@qq.com

胡少鹏，男，本科，广州市交通规划研究院，所总工程师，高级工程师。电子信箱：1450750310@qq.com

王佩，男，硕士，广州市交通规划研究院。电子信箱：1132281400@qq.com

"小街区、密路网"模式下的路网组织研究

钱思名　韩振鑫　陈　威

【摘要】"小街区、密路网"作为一种集约高效的城市发展模式，在国家推广街区制的背景下，正逐步成为我国城市和交通发展模式的重要途径。本文通过分析"小街区、密路网"的路网结构特征，论证了单向交通组织的必要性；在"小街区、密路网"的规划设计基础上，从服务功能的角度对疏解引导体系进行分级，构建了"逐级分级、分区引导"的疏解引导体系；通过微循环道路的选取、生成及优化，构建面向组团内部的单向微循环组织体系，并以南部新城红花机场片区为例，进行了案例应用。

【关键词】小街区、密路网；路网规划；供需平衡

作者简介

钱思名，女，硕士，绍兴市城市规划设计研究院，助理工程师。电子信箱：649042382@qq.com

韩振鑫，男，硕士，南京市城市与交通规划设计研究院股份有限公司，助理工程师。电子信箱：649042382@qq.com

陈威，男，硕士，绍兴市城市规划设计研究院，助理工程师。电子信箱：649042382@qq.com

基于步行可达的社区生活圈
公服设施空间评估
——以成都市主城区为例

彭雪雪　舒　蕾　高雨瑶　丁　一

【摘要】社区生活圈是居民日常生活的基本空间单元，开展15分钟步行可达社区生活圈公服设施的全面评估是提升规划编制的精准度和可实施性的必要前置条件。本文以成都市主城区为例，通过交通分区的原则划定评估单元，并基于百度地图获取步行等时圈，从居住小区出发搜索15分钟步行范围内可达的公共服务设施，以公服设施覆盖率和可达多样性评价公共服务设施的服务水平。并从人口数量和道路密度考虑，展开公服设施服务水平与人口分布的空间匹配，以及道路配置与公服设施可达的相关性研究。结果表明，成都市公服设施覆盖率和可达多样性分别呈核心—边缘和风车状的空间结构，在边缘区存在明显的空间差异，公服设施与人口分布、道路配置整体匹配度较高。

【关键词】步行可达；社区生活圈；公服设施；空间评估；成都市

作者简介

彭雪雪，女，硕士，成都市规划信息技术中心，工程师。电子信箱：296334528@qq.com

舒蕾，女，硕士，成都市规划信息技术中心，工程师。电子信箱：296334528@qq.com

高雨瑶，女，硕士，成都市规划信息技术中心，工程师。电

子信箱：296334528@qq.com

丁一，男，本科，成都市规划信息技术中心，高级工程师。电子信箱：296334528@qq.com

浅析人本尺度下的完整街道设计

——以《沈阳市街道设计指导意见》为例

刘 威 李绍岩

【摘要】现有的街道设计范围多集中于道路红线以内，且多以保障机动车通行效率为优先目标，对建筑退线空间以及其他街道使用者考虑较少。人本尺度下的完整街道设计，不仅是平衡路权，从"汽车主导"至"多模式化"的转变，更是将街道作为城市公共空间载体，由"效率"向"服务"的转变。《沈阳市街道设计指导意见》(以下简称《意见》)从实际出发，遵循安全、健康、特色、智慧的街道设计原则，在人本尺度下统筹考虑街道不同使用者的体验需要，实现街道功能的完整性与包容性，推动街道回归公共产品属性，塑造高品质的街道环境，把以人民为中心的发展思想贯穿到城市规划与设计当中，达成"宜业、宜居、宜乐、宜游"的城市发展愿景。《意见》是人本尺度下完整街道设计的应用实践，可为其他城市街道设计提供借鉴的思路与方法。

【关键词】街道设计；设计导则；人本尺度；完整街道

作者简介

刘威，男，硕士，沈阳市规划设计研究院有限公司，正高级工程师。电子信箱：1073776745@qq.com

李绍岩，男，硕士，沈阳市规划设计研究院有限公司，正高级工程师。电子信箱：trafficplanning@163.com

北京市昌平区京藏高速公交专用道研究

侯亚美 汪 洋 张 喆 郑丽丽

【摘要】作为北京市北部地区进出城主要通道的京藏高速，工作日高峰期间拥堵严重。为提高北部地区居民公共交通出行效率、保障公交路权，本文以北京市昌平区京藏高速为研究对象，以 IC 卡数据为基础，对其所涉及的公交线路周转量、断面客流量等方面进行分析，提出京藏廊道的公交专用道设置方案，并利用 AIMSUN 软件对公交专用道进行仿真评价。

【关键词】公交专用道；公交优先；京藏高速；仿真评价

作者简介

侯亚美，女，硕士，北京交通工程学会，中级工程师。电子信箱：hellohym@126.com

汪洋，男，硕士，北京市城市规划设计研究院，高级工程师。电子信箱：bicpjts@163.com

张喆，女，硕士，北京市城市规划设计研究院，中级工程师。电子信箱：191530493@qq.com

郑丽丽，女，硕士，北京交通工程学会，中级工程师。电子信箱：19879342@qq.com

新时期杭州地面公交场站
发展探索与问题思考

李家斌　冯　伟　李　渊　周　航　赵晨阳　姚　遥

【摘要】公交场站是公交线网组织与车辆运营的基础。杭州在"国家公交都市示范城市"创建过程中，大力发展公交场站，强化公交场站综合开发以及公交功能与城市功能的一体化融合。本文总结当前杭州公交场站发展特征，分析场站发展面临的城市空间不断拓展、轨道交通快速网络化、公交车辆更新换代等新时代发展环境，介绍了杭州公交场站发展在功能布局、与城市功能融合、灵活化运营等方面的探索实践，并就场站规划与实施层面面临的新问题进行了讨论。本文介绍的杭州公交场站发展创新性探索及其衍生的相关问题讨论可为同类城市公交场站相关研究与实践提供参考。

【关键词】地面公交；新能源车辆；轨道交通；国土空间规划；杭州

作者简介

李家斌，男，硕士，杭州市规划设计研究院，工程师。电子信箱：hz_jbli@163.com

冯伟，男，硕士，杭州市规划设计研究院，工程师。电子信箱：693930551@qq.com

李渊，男，硕士，海康威视数字技术股份有限公司，助理工程师。电子信箱：li_yuan93@163.com

周航，女，硕士，杭州市规划设计研究院，助理工程师。电子信箱：1252846133@qq.com

赵晨阳，男，硕士，杭州市规划设计研究院，助理工程师。电子信箱：2402279037@qq.com

姚遥，女，硕士，杭州市规划设计研究院，教授级高级工程师。电子信箱：965904654@qq.com

以史为鉴，如何打造满足需求的街道

李志平　　张肖峰

【摘要】街道在城市历史进程中随着社会制度、发展阶段的不同，承载的功能维度及对人的需求层次的满足情况是不断演变的。本文通过梳理相关文献，总结出欧美城市在民主权力主导时期和统治权力主导时期街道的功能维度及对人的需求层次满足情况的发展规律：在民主权力主导时期，街道的功能维度逐渐多样化，各阶层平等使用道路空间，对人的需求满足层次逐渐提高；在统治权力主导时期，街道的功能维度较单一，各阶层路权极不平等，对人的需求满足层次较低。本文以《全球街道设计指南》为例，从满足基本需求、提升用户的感官体验、增加街道的安全性和易用性、促进社会互动四个角度对街道设计要素进行了重新分类，并总结出四类要素的改造提升策略。最后提出了新时代街道设计满足用户更高层次的使用需求的策略。

【关键词】历史演变；功能维度；需求层次；更新改造

作者简介

李志平，女，硕士，天津市城市规划设计研究总院有限公司，高级工程师。电子信箱：liz516@163.com

张肖峰，男，本科，天津市城市规划设计研究总院有限公司，正高级工程师。电子信箱：liz516@163.com

05 交通治理与管控

基于视野检查的畸形交叉口
信号灯设置研究

张道荣　苏永云　龙　顺

【摘要】本文基于驾驶人视认过程的分步检查，对畸形交叉口中存在会将信号灯误认为其他车道或者其他进口道的信号灯情况，提出一种畸形交叉口车行信号灯设置视野检查方法，避免畸形路口驾驶员看错信号灯而导致安全事故的发生。该方法对于畸形交叉口的信号灯设置角度、安装位置及信号灯的遮沿长度等优化改善措施提供了依据。

【关键词】视野检查；畸形交叉口；信号灯设置；交通安全

作者简介

张道荣，男，硕士，中国城市发展研究院工程师。电子信箱：915035911@qq.com

苏永云，男，博士，中国城市发展研究院，高级工程师。电子信箱：915035911@qq.com

龙顺，男，本科，中国城市发展研究院，工程师。电子信箱：915035911@qq.com

成都市通勤效率提升规划策略研究

管娜娜　田　苗

【摘要】通勤是城市居民出行最基本的组成部分，成都现状通勤效率处于较低水平，存在各区域职住分离明显、小汽车通勤占比高、公共交通通勤效率不高、轨道交通接驳换乘体系融合不足等特征问题。本文总结、梳理了东京、纽约、巴黎、上海、深圳等国际和国内大都市在提高城市通勤效率方面的先进经验和做法，提出成都改善职住分布不均衡、提高公共交通通勤效率、提升综合交通治理水平的方向和策略，以期实现通勤效率的提升和绿色交通通勤分担率的提高。

【关键词】通勤效率；通勤时间；职住平衡；轨道交通；公共交通

作者简介

管娜娜，女，硕士，成都市规划设计研究院，主创规划师，工程师，注册城乡规划师。电子信箱：463594192@qq.com

田苗，女，硕士，成都市规划设计研究院，主任规划师，高级工程师，注册城乡规划师。电子信箱：463594192@qq.com

城市更新背景下北京市轨道交通桥下空间利用提升策略研究

刘　洋　蔡传慈　姚广铮　秦逸飞

【摘要】轨道站点及沿线桥下空间作为城市珍贵的公共资源，是存量空间功能复合型转变、精细化城市治理理念和治理水平的重要展示窗口，站点及沿线桥下空间与周边的融合改造提升更是推动城市更新的重要"切口"。本文首先对北京市轨道交通桥下空间现状利用情况及相关法规规定进行了系统梳理，分析现状存在的问题与不足。然后，对国内外桥下空间利用情况进行了对比研究。最终结合相关国内外经验及北京市实际情况，提出北京市轨道交通桥下空间利用提升相关建议。桥下空间的利用应本着"安全第一、交通优先、因地制宜"的原则，根据不同桥下空间尺度、与道路关系的特点合理使用，并与周边空间统筹考虑、因地制宜地利用，同时应避免负面影响。

【关键词】桥下空间；轨道交通；空间利用提升

作者简介

刘洋，男，硕士，南京市城市与交通规划设计研究院股份有限公司北京分公司，高级交通规划师，工程师。电子信箱：835297216@qq.com

蔡传慈，女，硕士，南京市城市与交通规划设计研究院股份有限公司北京分公司，交通规划师，助理工程师。电子信箱：741170665@qq.com

姚广铮，男，硕士，南京市城市与交通规划设计研究院股份有限公司北京分公司，副院长，正高级工程师。电子信箱：

6903880@qq.com

　　秦逸飞，男，硕士，南京市城市与交通规划设计研究院股份有限公司北京分公司，主创交通规划师，助理工程师。电子信箱：1097299764@qq.com

审批制度改革下交通工程项目
与"双评价"的衔接

黄凯迪　许旺土

【摘要】为落实审批制度改革相关要求，进一步提升交通工程项目的审批实施效率，本文通过梳理审批制度改革前交通工程项目审批实施过程中的相关评价类型与评价指标，指出目前交通工程项目审批建设过程中存在的问题。在分析交通工程项目与"双评价"衔接的必要性的基础上，提出交通工程项目在审批建设各个阶段与"双评价"在评价内容上的衔接方法，以进一步提高交通工程项目的建设效率。

【关键词】交通工程项目；审批制度改革；国土空间规划；双评价；衔接整合

作者简介

黄凯迪，女，在读硕士研究生，厦门大学建筑与土木工程学院。电子信箱：3171486167@qq.com

许旺土，男，博士，厦门大学建筑与土木工程学院，教授。电子信箱：ato1981@xmu.edu.cn

基于精细化设计理念的综合
医院交通改善策略研究

何　莎　肖晟昊　易维良

【摘要】目前大型综合医院普遍存在停车难、交通拥堵、秩序混乱等问题，受用地等条件约束，难以采用简单的增加交通设施供给等方式来应对。为了有效缓解综合医院的交通拥堵，本文基于交通精细化设计理念，提出改善交通设施、优化交通组织、提升交通路径等一系列交通精细化设计手段，如扩容道路、优化路权、立体分流、人车分离、优化出入口布局和交叉口设计、完善接驳设施等，对改善医院交通状况、提高就医效率具有显著效果。最后，以湘雅医院交通优化改善为例，表明采用精细化的交通改善策略，可以有效降低医院改造难度、减少人车冲突、降低交通流干扰，为城市综合医院交通优化及改扩建提供参考。

【关键词】精细化设计；综合医院；交通改善

作者简介

何莎，女，硕士，湖南省建筑设计院集团有限公司，中级工程师。电子信箱：1009262594@qq.com

肖晟昊，男，硕士，中建五局安装工程有限公司，工程师。电子信箱：254292275@qq.com

易维良，男，硕士，湖南省建筑设计院集团有限公司，高级工程师。电子信箱：1009262594@qq.com

中小城市核心区综合交通治理路径探索

——以山东省平度市为例

桑　珩　张晓明　张兆宽　胡亚光

【摘要】中小城市是我国城镇体系的重要组成部分。随着社会经济发展，中小城市交通问题日益突出，亟须从系统层面探索交通治理路径，提升治理能力。本文首先以城镇化率和人均 GDP 为评价指标对中小城市进行分类，界定本次研究对象为欠发达中小城市。其次，从城市空间特点、出行特征、设施水平和交通管控等方面分析了现阶段中小城市的发展特征，并据此提出了慢行优先导向的治理方向。再次，在充分论证慢行优先可行性的基础上，从慢行治理、公交治理、道路治理、停车治理和智慧赋能五个方面提出了慢行优先导向下的综合交通治理思路。最后，以山东省平度市为例，介绍了慢行优先导向下的综合交通治理实践。

【关键词】中小城市；慢行优先；设施治理；智慧赋能

作者简介

桑珩，男，硕士，深圳市城市交通规划设计研究中心股份有限公司，助理工程师。电子信箱：928498428@qq.com

张晓明，男，硕士，深圳市城市交通规划设计研究中心股份有限公司，工程师。电子信箱：76947200@qq.com

张兆宽，男，硕士，深圳市城市交通规划设计研究中心股份有限公司，助理工程师。电子信箱：420090320@qq.com

胡亚光，男，硕士，深圳市城市交通规划设计研究中心股份有限公司，助理工程师。电子信箱：1508073900@qq.com

窄路密网街道空间重塑研究

——以汉口沿江片为例

何　寰　朱林艳　王　鞯　李　琼

【摘要】近年来，如何在窄路密网道路布局模式的有限街道空间内满足多种交通出行模式的需求成为重要的探索方向。本文以汉口沿江历史风貌区窄路密网为例，通过现场踏勘、PSPL 调查、大数据分析等调查手段，全面剖析研究范围内街道空间的潜力和挑战，并对照国内外先进城市对窄路密网街道空间重塑的案例经验，提出并落实"多模式出行平衡""道路功能互补""街道空间与用地一体化"三大街道空间重塑策略，通过梳理区域骨架路网、剖析交通出行需求、明确各街道主导功能等步骤，对研究范围内的窄路密网街道空间的步行、骑行、公交、停车、道路等系统提出优化措施，并对规划成果进行评估，以全面提升区域街道空间品质。

【关键词】街道空间；窄路密网；重塑；出行平衡

作者简介

何寰，男，硕士，武汉市规划研究院，主任工程师，高级工程师。电子信箱：3214124@qq.com

朱林艳，女，硕士，武汉市规划研究院，助理工程师。电子信箱：1171719148@qq.com

王鞯，男，硕士，武汉市规划研究院，工程师。电子信箱：466827377@qq.com

李琼，男，硕士，武汉市规划研究院，助理工程师。电子信箱：1912966914@qq.com

历史街区商业步行街交通环境整治

——以武汉市江汉路步行街为例

高 嵩　王 东　孙小丽　杨曌照

【摘要】近年来，随着电子商务时代的来临和各种商业综合体的不断建设，加上城市中心区道路空间被机动车逐步蚕食，商业步行街区被严重割裂，交通混乱，环境污染加剧，传统商业步行街发展状况不容乐观。为提升商业步行街商业氛围、升级传统步行街整体环境、改善中心区交通运行状况，本文在充分借鉴伦敦牛津街改造先进经验的基础上，以武汉江汉路步行街为例，在步行街整体商业氛围和形象面貌改善的背景下，充分体现绿色出行和以人为本的交通发展理念，在将步行街拓展为步行街区的同时，构建慢行主导、人车分流的绿色慢速街区，并从区域交通组织、慢行系统改善等层面提出改善方案，对重要节点提出针对性的设计方案，作为复兴城市中心区的手段。

【关键词】步行街；环境整治；绿色出行；慢行街区

作者简介

高嵩，男，硕士，武汉市交通发展战略研究院，高级工程师。电子信箱：gsgshhhh@vip.qq.com

王东，男，本科，武汉市交通发展战略研究院，主任工程师，高级工程师。电子信箱：13875979@qq.com

孙小丽，女，本科，武汉市交通发展战略研究院，副总工程师，教授级高级工程师。电子信箱：378727503@qq.com

杨璺照，男，硕士，武汉市交通发展战略研究院，工程师。
电子信箱：331606787@qq.com

浅谈"微改造措施"在
交通拥堵治理中的应用
——以佛山市季华路节点改造为例

赵 磊 刘 敏

【摘要】珠三角经济发达的中等城市普遍存在小汽车增速过快与城市交通基建薄弱之间的供需矛盾，导致交通拥堵问题突出。同时，该类型城市近期难以通过大规模轨道交通建设分流交通压力，且在现状已经进入存量用地发展的情况下，可新增的交通空间资源亦非常有限。因此，通过一些"微创措施"深度挖潜交通"存量"空间，提升交通运行效率，对于缓解近期交通压力意义重要。本文以佛山市季华路与南海大道节点改善为例，对于城市中心城区重要干道相交形成的复杂功能交叉口，在难以引入大规模基建措施的前提下，通过引入全方向待行区、片区微循环、"移位掉头"、打通路段瓶颈、优化信号灯控等一系列综合"微创措施"，充分挖掘"存量交通空间"的运行效率，有效缓解交通压力。

【关键词】微创措施；交通拥堵；存量空间；精准治理

作者简介

赵磊，男，硕士，深圳市城市交通规划设计研究中心股份有限公司，高级工程师。电子信箱：61912769@qq.com

刘敏，男，硕士，深圳市城市交通规划设计研究中心股份有限公司，中级工程师。电子信箱：1475248762@qq.com

深圳轨道站点周边电动自行车停放管理策略

王 东 赵 磊 李 旺

【摘要】慢行复兴背景下，作为轨道出行"最后一公里"的重要交通方式，非机动车接驳停放需求不断增加。当面临有限的停放空间、滞后的管理手段时，停放乱问题凸显。通过"入栏结算"，深圳基本实现共享单车的秩序停放。但因缺乏有效抓手，私人非机动车特别是电动自行车的停放混乱问题已逐渐演变为城市管理顽疾。本文基于深圳实际，从理念、设施、管理等方面出发，系统提出轨道站点周边电动自行车的停放管理策略，为解决电动自行车接驳停放难题提供系统思路。

【关键词】轨道站点；电动自行车；停放管理

作者简介

王东，男，硕士，深圳市城市规划设计研究中心股份有限公司，工程师。电子信箱：darrenci2011@163.com

赵磊，男，硕士，深圳市城市规划设计研究中心股份有限公司，高级工程师。电子信箱：zhaolei@sutpc.com

李旺，男，硕士，深圳市城市规划设计研究中心股份有限公司，工程师。电子信箱：liwang@sutpc.com

古城区交通提升规划研究

——以泉州古城为例

罗　跃　　刘永平　　黎立冠

【摘要】我国目前尚存的历史古城多达数百座。近年来随着城市的发展与人口的增长，古城道路拥堵、交通秩序混乱的现象日益严重，原有的旧交通模式已不能满足古城的发展需求，亟须通过新一轮系统的交通提升规划实现古城的复兴。本文以泉州古城片区为例，结合泉州"城市双修"试点城市的发展契机，通过剖析其正面临的道路、公交、慢行、停车等方面的交通难题，制定与古城片区相适应的交通提升发展策略与总体思路，同时从廊道系统、共享街道、公交系统及交通管理四个方面提出近期详细改善方案。研究成果可为同类功能复合型古城片区交通治理提供借鉴与参考。

【关键词】古城区；交通提升；发展策略；优化方案；慢行

作者简介

罗跃，男，硕士，深圳市城市交通规划设计研究中心股份有限公司，助理工程师。电子信箱：2629060013@qq.com

刘永平，男，硕士，深圳市城市交通规划设计研究中心股份有限公司，高级工程师。电子信箱：liuyongping@sutpc.com

黎立冠，男，硕士，深圳市城市交通规划设计研究中心股份有限公司，副高级工程师。电子信箱：lilig@sutpc.com

深圳综合交通枢纽周边城市更新交通专题研究

严 艺

【摘要】深圳市存量规划和大力发展轨道交通的背景下，如何构建枢纽周边城市更新项目的交通系统是亟须研究的问题。本文以五线换乘的平湖综合交通枢纽周边某更新单元交通专题研究为例，通过研究站城协同发展的规划边界衔接、精细化的交通需求预测、站城一体的慢行交通组织、差异化发展的常规公交场站、外畅内达的道路交通系统和基于需求管理的静态交通系统等交通专项，提升枢纽服务效率，支撑城市更新项目发展，对深圳市及国内相关城市枢纽周边城市更新交通研究有一定的借鉴意义。

【关键词】综合交通枢纽；城市更新；交通专题

作者简介

严艺，男，硕士，深圳市城市交通规划设计研究中心股份有限公司，中级工程师。电子信箱：yanyi@sutpc.com

智慧交通背景下拥堵治理研究

——以南昌九洲—洪都高架拥堵节点治理为例

李 敏 万晶晶

【摘要】随着城镇化进程的不断加快，机动车保有量和使用频率急剧上升，随之而来的交通拥堵问题也越来越突出。与传统治理相比，智慧交通在道路拥堵分析溯源、优化城市交通资源配置、提高交通运转效率方面具有明显的优势。本文从数据采集、道路功能分析和治理手段三个方面分析传统拥堵治理的困境，并对智慧化治理发展趋势进行了解读。以南昌市九洲—洪都高架拥堵节点治理为例，基于互联网车辆导航大数据，分析拥堵节点形成原因，并提出扩容匝道、完善周边骨干路网和智慧匝道实时管控的"传统+智慧"治理举措，优势互补，从而达到缓解节点拥堵的目的。

【关键词】GPS地图匹配；路径溯源；拥堵节点分析及治理

作者简介

李敏，男，硕士，深圳市城市交通规划设计研究中心股份有限公司，工程师。电子信箱：446923846@qq.com

万晶晶，女，硕士，深圳市城市交通规划设计研究中心股份有限公司，高级工程师。电子信箱：524270087@qq.com

疫情常态化背景下城市慢行系统优化策略

陈钢亮　　钱思名

【摘要】新冠肺炎疫情的发生，改变了居民日常的出行习惯，也使得在疫情常态化背景下，慢行系统的发展有了新的机遇。为适应后疫情时代慢行交通的发展变化，配合政府防疫政策，满足居民出行需求，本文从韧性城市的角度出发，采用系统分析的方法，将定量和定性分析相结合，以疫情背景下城市交通所受到的影响为切入点，通过数据对比，分析了城市慢行系统呈现出的出行需求增加、空间要求提升、设施要求提高等新特征。在此分析基础上，提出了打造社区慢行交通微循环、提升公共自行车服务水平、优化步行交通空间环境、完善城乡绿道网络等后疫情时代城市慢行系统的优化策略，从而满足疫情常态化背景下对慢行系统的新需求，增强居民身体素质，减少人群聚集，提高城市的韧性。

【关键词】疫情常态化；慢行系统；优化策略

作者简介

陈钢亮，男，硕士，绍兴市城市规划设计研究院，高级工程师。电子信箱：95523307@qq.com

钱思名，女，硕士，绍兴市城市规划设计研究院，助理工程师。电子信箱：95523307@qq.com

大城市老城区高架路拆除改造研究

——以广州市人民路高架为例

狄德仕

【摘要】城市高架路是大城市骨架路网的核心组成部分，如何平衡高架路对提升城市道路交通效率与对城市空间活力的负面影响是国内诸多大城市面临的热点和难点问题之一。本文通过分析"存量发展"背景下大城市老城区高架路发展面临的 5 方面困境和所需的 4 方面基础条件，以广州市人民路高架为例，从空间提升、街区提质和差异改造 3 个方面提出适应存量发展阶段和高质量发展要求的老城区高架路拆除改造提升策略，并结合实际案例探讨了老城区高架路改造的概念方案、同步综合交通改造措施，以及拆除改造后的交通运行情况评估，以期对国内类似地区高架路拆迁或改造提供思路与参考。

【关键词】大城市；老城区；城市高架路；存量阶段；城市更新

作者简介

狄德仕，男，硕士，广州市城市规划勘测设计研究院，主创规划师，工程师。电子信箱：864754976@qq.com

有轨电车网络发车间隔与
交叉口周期优化方法

吕圣华　　黎冬平

【摘要】本文为提升网络化运行条件下的有轨电车运行效率，提出一种网络化运行条件下有轨电车最优发车间隔与交叉口信号周期协调方法；分析了有轨电车复线共轨情况下一周期内不同有轨电车线路到达数对交叉口下游站点产生的通行压力；建立了单线和复线有轨电车发车间隔和周期的关系，提出了单线和复线有轨电车的最小发车间隔以及面向有轨电车网络化运行的交叉口最优信号周期计算方法，并给出了算例分析。本文在网络化有轨电车发车间隔以及交叉口信号周期优化领域具有应用前景。

【关键词】网络化运行；有轨电车；发车间隔；复线共轨；最优周期

作者简介

吕圣华，女，硕士，上海市城市建设设计研究总院（集团）有限公司，高级工程师。电子信箱：lvshenghua@sucdri.com

黎冬平，男，博士，上海市城市建设设计研究总院（集团）有限公司，高级工程师。电子信箱：lidongping@sucdri.com

基金项目

上海市企业国际科技合作项目（19210730300）；

上海自然科学基金项目（19210730300）。

城市轨道交通管控策略探讨

——以广州为例

叶树峰　黄荣新　谢　晖

【摘要】随着广州新一轮线网获批，广州市规划线网规模激增，但既有轨道交通管控条例缺少对规划、近期线路的针对性管控规定。本文从轨道交通管控基本目的出发，借鉴国内其他城市管控经验并结合广州自身城市特点，探讨广州市轨道交通管控策略。最终总结出"分阶段管控、动态更新"的管控思路，并由此提出广州市合理的轨道交通管控范围以及涉及轨道交通地块的管控协调方法。

【关键词】广州市城市轨道；轨道交通管控标准；轨道交通管控协调

作者简介

叶树峰，男，硕士，广州市交通规划研究院，工程师。电子信箱：494221526@qq.com

黄荣新，男，本科，广州市交通规划研究院，工程师。电子信箱：605559586@qq.com

谢晖，男，硕士，广州市交通规划研究院，助理工程师。电子信箱：273836183@qq.com

交叉口公交优先多申请控制方法研究

王昱晓

【摘要】随着公交车辆的不断增加，交叉口同时出现多个进口道的公交车申请优先的现象愈发普遍。为了解决交叉口同时出现多个进口道存在优先申请的情况，本文选取了与以往模型不同的指标作为判别指标，建立公交优先度模型，并采用模糊层次分析法（FAHP）对判别指标进行了确定，并以交叉口整体乘客延误减少和行人过街延误减少作为目标函数，以各相位最小绿灯时间、优先相位最大绿灯时间和最大优先时间等作为约束条件，建立了多目标规划模型，采用粒子群算法得到求解方案，并将该方案与原始方案和 Synchro 优化方案进行对比分析，然后利用微观仿真软件 VISSIM 进行验证。

【关键词】信号控制；公交优先度；优先多申请；行人过街

作者简介

王昱晓，男，硕士，苏州规划设计研究院股份有限公司，助理工程师。电子信箱：18362981709@163.com

城市更新背景下上海外滩地区交通改善策略研究

顾　煜　许俊康　朱　浩

【摘要】外滩地区是上海的城市名片，通过几轮的综合交通配套改造，已经基本实现了机动车交通过境分流，构建了较好的步行公共空间。"十四五"期间，上海城市发展面临着能级提升和城市更新的发展要求，本文在分析外滩地区交通特征的基础上，提出分片区组织到发交通、规范过境非机动车交通、提升常规公交服务、打造高品质的共享街道等措施，有效提高了区域整体交通出行的便捷性、舒适度和安全性，为提高外滩地区整体出行体验感作了一定的研究探索。

【关键词】交通改善策略；外滩地区；城市更新

作者简介

顾煜，男，硕士，上海市城乡建设和交通发展研究院，副总工程师，高级工程师。电子信箱：18257695@qq.com

许俊康，男，硕士，上海市城乡建设和交通发展研究院，高级工程师。电子信箱：87642081@qq.com

朱浩，男，硕士，上海市城乡建设和交通发展研究院，副总工程师，高级工程师。电子信箱：zhuhao2002@sina.com

多点交织场景下西安市
电视塔交通优化研究

张卜元　石吕瑶　李　梁

【摘要】随着机动化水平不断提高，西安电视塔盘道出现车流、人流、非机动车流相互交织，通行秩序混乱等交通问题，这些问题不仅造成高峰时段延误增加，而且严重威胁着过往行人和非机动车出行者的安全。为打造安全、绿色、品质的交通出行环境，本文从保障步行、非机动车、机动车等所有出行者权益出发，在电视塔盘道多点交织场景下，提出优化交叉口渠化、优化公交站点和线路、打通次支路建立交通微循环系统、推进电视塔盘道地下综合开发、完善交通标识系统等多维度措施，改善电视塔盘道的出行环境，使电视塔盘道成为展示西安新形象的窗口。

【关键词】绿色交通；多点交织；交通优化；西安电视塔；盘道

作者简介

张卜元，女，硕士，西安市城市规划设计研究院，工程师。电子信箱：984918442@qq.com

石吕瑶，女，本科，西安市城市规划设计研究院，助理工程师。电子信箱：553726861@qq.com

李梁，男，硕士，西安市城市规划设计研究院，工程师。电子信箱：1013104542@qq.com

小街区密路网模式下的
交通提效改良研究初探

杨明丽

【摘要】"小街区、密路网"成为时下盛行的交通理念,被植入到城市路网规划中。本文以南京河西新城为例,评估现有建成的"小街区、密路网"在交通运营方面的表现。结合"小街区、密路网"理念的先进性及实际建成运营后遇到的问题与挑战,从路网分级、节点分级、节点接入控制等方面进行研究,提出"小街区、密路网"在交通提效方面的改良方案,使其具有"大路网"高效和"密路网"宜人的双重优势,并以南京紫东核心区路网为实践载体,对改良模式进行应用和测评。

【关键词】小街区、密路网;改良;分级;节点;通行效率

作者简介

杨明丽,女,硕士,江苏苏邑设计集团有限公司,工程师。
电子信箱:287767387@qq.com

上海快速路系统提质增效研究

关士托

【摘要】本文以上海市快速路系统为例，通过对路网结构、交通运行状况及细节问题的分析，研究了城市快速路系统在系统、节点和管理层面存在的问题，并结合城市在未来的空间拓展、连绵发展和精细化管理要求，提出了提质增效解决思路。其中，在系统层面，城市快速路系统应该重点关注路网结构的优化，降低路网系统性拥堵风险；在节点层面，应重点关注立交、匝道的设置及交织段的处理，提高节点的交通转换效率；在管理层面，应该注重结合交通运行特征的交通组织方案设计和设施的使用质量，提高系统韧性，发挥系统的最大效率。

【关键词】快速路；系统；节点；管理；提质增效

作者简介

关士托，男，硕士，上海市城市建设设计研究总院（集团）有限公司，城市公共交通研发中心主任，工程师，注册城乡规划师，咨询工程师（投资）。电子信箱：guanshituo@163.com

高质量发展背景下广州市交通精细化治理实践

方　雷　胡少鹏

【摘要】随着我国经济由高速增长阶段转向高质量发展阶段，城市交通发展和治理也必然转向并长期坚持高质量发展。在此背景下，广州市交通发展和治理从以往的大规模交通设施建设、增量管理转变为对交通存量设施的精细化治理，以提升市民出行全过程服务为目标。在此基础上，广州市提出了交通组织微循环、交通设施微改造（简称"双微改造"）交通精细化治理理念，进而搭建了由多元主体组成、开放包容的交通精细化治理平台，建立了连续、动态、反馈、综合协调的交通精细化治理工作机制。交通精细化治理实践案例表明，"双微改造"交通精细化治理工作在保障交通安全、优化交通秩序、缓解交通拥堵、提升交通品质等方面具有突出效果，可有效完善城市交通治理体系，提升交通精细化治理水平，充分支撑和推动广州市城市交通高质量发展。

【关键词】高质量发展；交通治理；精细化；双微改造

作者简介

方雷，男，硕士，广州市交通规划研究院，高级工程师。电子信箱：189809208@qq.com

胡少鹏，男，硕士，广州市交通规划研究院，所总工，高级工程师。电子信箱：1450750310@qq.com

交通安宁化理念下的历史
文化街区交通优化研究

——以济宁市竹竿巷历史文化街区为例

张令玉

【摘要】历史文化街区是城市历史风貌和城市记忆的重要载体，随着城市的快速发展，历史文化街区与现代城市发展出现了种种矛盾。在当前快速机动化的背景下，机动交通也对历史文化街区保护产生了冲击。本文通过对历史文化街区交通安宁化进行探讨，定性地提出当前历史文化街区存在的交通问题和改善交通问题的必要性，针对性地提出了街巷交通在空间形态、土地利用、交通组织、基础设施等方面的保护与更新思路。以济宁市竹竿巷历史文化街区为例，分析其在发展过程中存在的交通问题并进行探讨，提出基于交通安宁化的历史文化街区保护和更新策略。旨在通过对历史文化街区交通安宁化的探讨，为解决其交通问题和提升历史文化特色提供优化策略。

【关键词】交通安宁化；历史文化街区；竹竿巷

作者简介

张令玉，女，在读硕士研究生，山东建筑大学。电子信箱：973836877@qq.com

低碳城市视角下街区尺度碳排放量控制优化策略研究

张令玉

【摘要】在国家大力推进 2030 年前实现碳达峰、2060 年前完成碳中和目标的背景下，低碳城市成为当前关注的一个前沿热点。城市作为 21 世纪引起气候变化的重要原因之一，多尺度控制碳排放成为城市当前发展的重点。而现有研究多局限于低碳城市和低碳建筑尺度，对低碳街区的研究较少，因此本文以街区为研究对象，探讨在低碳城市视角下街区碳排放量的影响因素。通过定性和定量相结合的方式，探讨街区尺度影响碳排放量的因素，从建筑形体、街区形态、建筑建设强度、土地利用、道路交通、街区绿化六个方面，针对性地提出控制碳排放量的优化策略。旨在通过对街区尺度影响碳排放因素的探讨，为城市街区控碳、减碳提供参考，为尽快完成碳达峰、碳中和目标提供街区尺度的对策研究。

【关键词】低碳；街区；碳排放

作者简介

张令玉，女，在读硕士研究生，山东建筑大学。电子信箱：973836877@qq.com

城市治理背景下交通微改造措施适用性研究

——以天津经开区核心区为例

张雅婷　初红霞　张　骥　郑刘杰　杜泽华

【摘要】在城市治理背景下，为挖掘路网的通行潜能，天津经开区核心区（面积约 73 平方公里）在"十四五"期间拟开展交通治理工作，结合"十四五"综合交通体系规划同步梳理交通微改造项目库，旨在通过对区域内现有交通问题的剖析，结合"十四五"交通发展预测，针对不同的问题提出不同的解决策略。本次交通微改造的主要内容包括提升出行效率的交通组织微循环改造、交通设施微改造和优化出行品质的交通稳静化微改造。其中，交通组织微循环改造措施包括路段管理、交叉口节点流向限制；交通设施微改造措施包括潮汐车道、借道左转、可变导向车道、待行区、交叉口渠化、绿波控制等；交通稳静化改造措施主要包括交通稳静区、减速带、车道缩窄、减速弯道、缩小拐弯半径、交叉口抬高等措施。本文主要研究相关措施的适用性，结合现状的问题及"十四五"的发展目标，形成天津经开区核心区交通微改造提升项目库，并对交通微循环和交通微改造措施的改善效果进行预测评估，为决策提供依据。

【关键词】交通治理；交通微循环；交通微改造；交通稳静化；适用性

作者简介

张雅婷，女，硕士，天津市城市规划设计研究总院有限公

司，工程师。电子信箱：515022619@qq.com

初红霞，女，硕士，天津市城市规划设计研究总院有限公司，工程师。电子信箱：515022619@qq.com

张骥，男，硕士，天津市城市规划设计研究总院有限公司，工程师。电子信箱：515022619@qq.com

郑刘杰，男，硕士，天津市城市规划设计研究总院有限公司，工程师。电子信箱：515022619@qq.com

杜泽华，男，硕士，天津市城市规划设计研究总院有限公司，工程师。电子信箱：515022619@qq.com

基于城市大脑的"两客一危"
管控场景设计研究

范东旭　刘　威　周彦国

【摘要】"两客一危"发生重特大事故的风险高、涉及管理部门多、管控难度大，给各大城市行业管理部门带来了极大困扰。本文基于沈阳城市大脑"两客一危"管控场景的研究与实践，系统分析了"两客一危"管控的难点与痛点，基于沈阳城市大脑跨界协同的核心理念，开展"两客一危"管控场景开发的八大目录项研究，即问题目录项、感知目录项、数据目录项、算法目录项、结果目录项、指标目录项、措施目录项、管理目录项，实现以问题、需求为导向的场景开发，探索"两客一危"领域的闭环式管理流程。

【关键词】"两客一危"管控；城市大脑；目录项研究；场景开发；闭环式管理

作者简介

范东旭，男，硕士，沈阳市规划设计研究院有限公司，高级工程师。电子信箱：yyfdx_hit@126.com

刘威，男，硕士，沈阳市规划设计研究院有限公司，教授级高级工程师。电子信箱：375795993@qq.com

周彦国，男，硕士，沈阳市规划设计研究院有限公司，教授级高级工程师。电子信箱：2439579907@qq.com

供需动态平衡视角下医院交通改善研究

——以天津市医科大学总医院交通改善为例

高　瑾　尉建南

【摘要】城市核心区是社会活动最密集的地区。在核心区加强交通需求管理、大力发展公共交通、限制小汽车使用的总体策略下，以及居民对绿色出行的认知觉醒、轨道交通设施的完善和智能交通水平的提升的新背景下，本文提出了供需动态平衡视角下的交通改善方法，由以往关注高峰时段的供需平衡转变为全天候的供需平衡，从关注平均出行特征转变为关注微观的个体多样化、差异化的出行特征，并盘点既有交通资源提出短期交通改善方案，以期在用地、道路和停车等资源约束下，实现有限的时间和空间内的个体交通需求和供给的动态相互嵌套、相互耦合和交通使用者的共同性满足。本文以天津市医科大学总医院为例，在拥堵状况和停车难原因分析的基础上，从停车供给调控、交通需求管理、引导公交出行、引入智慧交通和改善交通秩序等几个方面，提出了供需动态平衡视角下的减规模、增供给和保畅通的改善策略，为城市核心区类似某一局部片区或项目的交通改善提供一些思路和参考。

【关键词】交通改善；供需动态平衡；城市核心区

作者简介

高瑾，女，硕士，天津市城市规划设计研究总院，高级工程师。电子信箱：gjmlss@163.com

尉建南，女，硕士，天津市城市规划设计研究总院，工程师。电子信箱：gjmlss@163.com

基于微博数据的高速公路
交通事件时空特征研究

包 丹 单传平

【摘要】本文以微博发布的高速公路交通事件为基础，研究高速公路交通事件的时空分布特征。根据微博主题和关系词分析，将交通事件划分为交通事故、施工占道、自然灾害、特殊天气4类。基于 ArcGIS 平台，运用时空核密度、冷热点、时空立方体等方法，建立交通事件的结构化分析模型，进一步解析事件多发点的时空演变关系。结果表明：从总量上看，路网密度越大，交通事件总量越大；从发生地点上看，高速与高速、高速与普通公路转换的立交节点交通事故发生率较高，约占事故总量的35%。另外，施工占道类交通事件具有不均衡性，老旧高速公路的施工占道事件增长趋势明显，使用年限5年以上的高速公路占道施工占比27%。

【关键词】高速公路；交通事件；微博文本分类；核密度；时空立方体

作者简介

包丹，女，硕士，江苏中设集团股份有限公司，助理工程师。电子信箱：1043804345@qq.com

单传平，男，硕士，中铁长江交通设计集团有限公司，高级工程师。电子信箱：27139470@qq.com

城市更新下的快速路改造探索

——以内环高架为例

王东磊　张　硕

【摘要】内环高架作为上海最早建成的城市快速路，在结构设施安全、交通能级、智慧化水平、环境景观效果方面已不能满足精细化管理水平的要求。在上海城市更新大背景下，本文以上海内环高架浦西段为例，在分析其现状设施、运行特征、拥堵原因的基础上，对年轻化工程中5段具备拓宽条件的节点进行交通能级提升方面的量化评估，不仅对路段自身进行评估，还结合上下游特征统筹分析，为工程必要性给出有力支撑。最后针对示范段提出中心城高流量快速路的施工期间交通组织保障建议，应结合春节假期低流量的特点进行相关施工组织，以交通引导为主要手段，量化评估施工影响。

【关键词】城市更新；上海内环高架；年轻化；效果评估

作者简介

王东磊，男，硕士，上海市城乡建设和交通发展研究院，工程师。电子信箱：406637492@qq.com

张硕，女，硕士，上海市嘉定规划咨询服务中心，工程师。电子信箱：642199256@qq.com

城市货运停车治理措施及经验启示

郑　特　肖作鹏　刘津余

【摘要】为解决城市货运停车问题，国内外学术界开展了广泛的研究，旨在持续探索提升城市货运停车环境的设计与运营措施。研究基于国内外的文献与实践经验，分别从空间、时间、政策三个维度，对货运停车治理的相关实施情景与实践案例进行梳理分析，详细归纳了以政策条例为支撑、时间管理为限制、空间配置为基础的城市货运停车治理框架与实施要点。并从完善停车配置、限时计价管理、信息技术应用等层面总结了中国相关实践可以思考和借鉴的行动，为治理城市货运车辆通行、停靠提供更多的解决方案和实践参考。

【关键词】城市货运；货运停车治理；空间配置；时间管制；政策管理

作者简介

郑特，男，硕士，哈尔滨工业大学（深圳）。电子信箱：574833940@qq.com

肖作鹏，男，博士，哈尔滨工业大学（深圳），助理教授。电子信箱：tacxzp@foxmail.com

刘津余，女，硕士，哈尔滨工业大学（深圳）。电子信箱：919434768@qq.com

基金项目

2019 国家自然科学基金项目"网络零售供应链对城市物流空间重构及其环境效应研究"（41801151）（2019.1～2021.12）。

历史风貌区旧城更新交通整治策略研究

邹　芳　高　嵩　王岳丽

【摘要】历史风貌区是城市历史文化与记忆的遗产，是城市宝贵的物质与精神财富，一般位于城市核心区。近年来在机动化冲击影响下，历史风貌区面临着机动车交通拥堵、慢行空间不足、车辆乱停乱放等问题。根据历史风貌区以旧城保护为主的整治方针，借鉴国际历史文化名城旧城更新经验，构建以"公共交通+慢行交通"为主的绿色交通系统，打造安全、舒适、便利、可达的高品质公共空间，是历史风貌区旧城更新交通模式的必然选择。本文以武汉《汉口历史风貌区旧城更新实施性规划》为例，提出历史风貌区旧城更新交通整治策略，供同行参考借鉴。

【关键词】历史风貌区；旧城更新；交通整治

作者简介

邹芳，女，硕士，武汉市规划研究院，高级工程师。电子信箱：348453866@ qq.com

高嵩，男，硕士，武汉市交通发展战略研究院，高级工程师。电子信箱：gsgshhhh@vip.qq.com

王岳丽，女，硕士，武汉市规划研究院，部门总工，高级工程师。电子信箱：649100079@qq.com

老小区，新"路径"：北京厂甸小区交通改造提升实践

熊　文　芮梦佳　刘良蕊　赵浩哲

【摘要】新时代背景下城镇化进程加速，其带来的城市交通问题日益受到人们的关注。特别是机动车数量骤增带来的停车难问题，其中最难的要数建成年代早的老旧小区，在建成之初没有明确的停车位配建标准。老旧小区不平衡、不充分的交通发展现状早已不能满足人民日益增长的美好生活需要。本文从老旧小区交通治理入手，综述国内外城市慢行环境治理案例，通过公众参与、人本观测的方式，梳理老旧小区交通治理难题，探索解决难题的新"路径"。以大栅栏厂甸小区为研究对象，基于慢行优先理念提出治理老旧小区交通问题的措施，包括在小区推行"共有单车"、增设集中邻里共享充电设施、互通小区交通、远期规划打通路网等。

【关键词】老旧小区；交通改造提升；公众参与；停车；慢行交通

作者简介

熊文，男，博士，北京工业大学，副教授。电子信箱：xwart@126.com

芮梦佳，女，在读硕士研究生，北京工业大学。电子信箱：1136918280@qq.com

刘良蕊，女，在读硕士研究生，北京工业大学。电子信箱：1178849646@qq.com

赵浩哲，男，在读硕士研究生，北京工业大学。电子信箱：

772461455@qq.com

基金项目

国家社会科学基金重点项目"中国式街道的人本观测与治理研究"（17AGL028）。

06 智能技术与应用

基于大数据的城市商业中心监测评估研究

——以重庆为例

唐小勇　　陈易林　　赵必成

【摘要】本文综合使用手机信令数据、兴趣点数据、用地规划数据，从人口活动、建设规模、功能业态三个方面提出了城市商业中心识别方法，构建了城市商业中心吸引力和服务覆盖的监测指标体系。以重庆中心城为例开展城市商业中心体系评估，发现外围组团多级商业中心体系有待完善、部分人口高密度聚集区缺乏商业中心就近服务、部分商业中心业态和档次与居民消费需求不匹配的问题，提出了完善多级商业中心规划布局、优化商业用地出让时序加强商业项目实施监督、加强对商业中心功能和业态引导、研究实施支持新区城市商业中心发展政策等建议。

【关键词】城市中心；商业中心；商业吸引力；手机信令

作者简介

唐小勇，男，博士，重庆市交通规划研究院，副总工程师，正高级工程师。电子信箱：71780735@qq.com

陈易林，女，硕士，重庆市交通规划研究院，中级工程师。电子信箱：729561434@qq.com

赵必成，男，硕士，重庆市交通规划研究院，高级工程师。电子信箱：bicheng.zhao@qq.com

基于手机 APP 的出行链
采集系统开发研究

罗　典　卢火平　张志伟　王琢玉　陈　蔚

【摘要】居民出行数据是城市交通建模和分析的重要基础数据。目前实际运用的居民出行调查方式存在耗时费力、回忆不准确、时间随机性过大等问题。为解决当前调查方法的问题，本研究开发了一套基于手机 APP 的出行链采集系统，实时采集用户的时空轨迹数据，根据后台算法自动判别、获取完整的出行链信息，并推送给用户进行信息填写，校核生成出行链数据，最终完成上传后台和自动处理分析。通过对本单位 120 名员工及其家属进行出行数据采集案例测试得出系统的总体采集精度达到 90%以上。因此可以预见本次开发的系统将为今后大规模的居民出行调查使用提供新的手段，具有重要的示范作用。

【关键词】手机 APP；出行链；时空轨迹；自动判别；居民出行调查

作者简介

罗典，男，硕士，佛山市城市规划设计研究院，高级工程师。电子信箱：491526443@qq.com

卢火平，男，硕士，佛山市城市规划设计研究院，高级工程师。电子信箱：371359558@qq.com

张志伟，男，本科，佛山市城市规划设计研究院，工程师。电子信箱：451550176@qq.com

王琢玉，男，硕士，佛山市城市规划设计研究院，高级工程师。电子信箱：1939577@qq.com

陈蔚，男，硕士，佛山市城市规划设计研究院，高级工程师。电子信箱：278426715@qq.com

基于大数据的核心区交通
联接系统模式研究

沙建锋

【摘要】本文以武汉建设"历史之城、长江文明之心"相关规划研究工作为基础，探索从交通角度确定武汉市核心区发展边界，突出人本关怀的发展思路，通过海量、动态的位置大数据对城市画像，以人的出行特征、出行需求和出行心理综合分析、研判武汉市核心区即长江文明之心区域的空间发展结构和尺度。并针对通勤和游憩出行特征制定相应交通发展目标，结合各自出行特点规划设计了相应的交通联接系统并进行匹配，以在体现交通对区域保护作用的前提下，实现通勤出行高效可达、游憩出行畅行环保的目的。

【关键词】大数据；城市画像；出行特征；交通联接系统

作者简介

沙建锋，男，硕士，武汉市交通发展战略研究院，交通仿真中心主任，高级工程师。电子信箱：550194005@qq.com

多源数据融合的常规公交出行方式识别

于泳波　　侯　佳

【摘要】为了有效识别手机用户是否使用常规公交出行，本文首先以地铁出行识别为纽带，从乘客 ID 层面融合手机信令数据、地铁 AFC 数据以及公交 IC 卡数据，提取出 45.66 万手机用户及 IC 卡号，并获得包含 2 010 379 个常规公交出行样本，以及 3 521 356 个非地铁、非常规公交出行样本的标杆数据集。然后，基于提取出的手机用户出行路径和公交车辆 GPS 运行路径的关键路段集，以考虑路段长度权重的 Levenshtein 相似度指标为基础，进一步分析时间相似度、关键路段的距离、时长占比等指标，并使用标杆数据集，通过 F1 得分指标确定各参数的最佳阈值均为 0.8。最后，使用标杆数据集对比提出的路径相似度方法与已有研究中的随机森林学习方法，得出路径相似度方法分类精确率略低于随机森林法，召回率及 F1 得分均高于随机森林法。进一步将两个分类模型应用到更大的数据集中，通过将其与城市居民出行调查结果对比，得出路径相似度方法更接近居民出行调查结果，体现出方法的优越性，表明该方法可应用于城市公交出行特征分析。

【关键词】公共交通；多源数据融合；出行方式识别；路径相似度；手机信令数据

作者简介

于泳波，男，硕士，南京市城市与交通规划设计研究院股份有限公司，工程师。电子信箱：magic1992yu@163.com

侯佳，女，博士，南京市城市与交通规划设计研究院股份有限公司，高级工程师。电子信箱：magic1992yu@163.com

基于时空大数据的公共交通关键指标计算方法

冯明翔　罗小芹

【摘要】本文利用收集得到的常规公交 GPS 数据、轨道交通刷卡数据等公共交通时空大数据，结合时空信息匹配技术，实现对常规公交和轨道交通站点间运行时长、到站频次等关键指标的计算。同时，基于计算得到的公交关键指标信息，本文提出一种公共交通可靠性的计算方法，用于评估常规公交和轨道交通在不同线路、不同站点位置获取公共交通资源的可靠程度。该方法以实际公共交通运行数据为基础，计算结果更加贴近公共交通实际的运行状态。利用本文提出的方法，能够实现对城市内公共公交关键指标的计算，计算结果能够在交通可达性、交通等时圈计算等具体场景中进行应用。

【关键词】公共交通大数据；站点间运行时长；站点服务频次；可靠性

作者简介

冯明翔，男，博士，武汉市交通发展战略研究院，工程师。电子信箱：mc_feng1228@163.com

罗小芹，女，博士，武汉市交通发展战略研究院，工程师。电子信箱：luoxiaoqin@zju.edu.cn

基于 CiteSpace 的《城市交通》知识图谱挖掘

赵一新　伍速锋　张斯阳　田欣妹

【摘要】在《城市交通》创刊 100 期之际，本文基于 CiteSpace 知识可视化软件对其 2003 年 11 月—2020 年 12 月的 1440 篇有效文献进行计量分析，分时段对相应文献作关键词共现分析、关键词突现性检测、聚类时间线分析、作者共现分析及机构共现分析，以探究《城市交通》的研究主题演变、历史热点、核心作者及核心机构的分布规律和关联关系。结果表明，《城市交通》刊载内容涵盖公共交通、智能交通、土地利用、交通经济等，对城市交通进行全方位的解读；2013 年"公共交通"领域有较多的研究，并逐步推进绿色交通的发展，2015 年开始"交通大数据""智能交通系统"等成为研究的热点，期刊在各时期都捕捉到了城市交通领域研究和运用的新动向；研究机构覆盖了相关交通研究院所、高校以及互联网公司，体现出期刊较强的行业影响力。以上结果说明科学知识图谱可以充分挖掘文献各要素的关联关系，可用于探究和挖掘科学研究的动态变化和网络关系。

【关键词】《城市交通》；CiteSpace；知识图谱；文献计量分析

作者简介

赵一新，男，硕士，中国城市规划设计研究院，中国城市规划设计研究院交通院院长，教授级高级工程师。电子信箱：bill_zh@163.com

伍速锋，男，硕士，中国城市规划设计研究院，中国城市规

划设计研究院交通院智能交通与交通模型所所长，教授级高级工程师。电子信箱：wusf@caupd.com

张斯阳，女，硕士，中国城市规划设计研究院，责任编辑，工程师。电子信箱：zhangsiyangyy@126.com

田欣妹，女，硕士，中国城市规划设计研究院。电子信箱：tianxinmei2021@163.com

基于 POI 数据的城市轨道交通车站客流与周边用地关系研究

靳来勇

【摘要】成都地铁网络化程度较高，本文提取商业、住宅、办公、公交车站等多类 POI 数据，采用核密度、统计分析等方法探讨了成都市多类 POI 的空间分布特征与地铁站点的关系，并对地铁站点多时段客流量与其辐射范围内的多类 POI 数量进行多元回归分析。研究结果表明：①地铁线网与用地耦合程度不优，影响各类 POI 的空间分布的主导因素是区位因素，地铁交通因素对 POI 的分布影响整体较弱；②地铁车站客流与周边公交站点数量显著正相关，地铁线网客流主要是交通接驳驱动型而非基于 TOD 的用地开发驱动型；③地铁换乘站与其周边用地开发的匹配性不强；④地铁站点周边的用地类型过于单一，造成地铁客流在时间上分布过于离散，不利于车站运营管理和乘客出行体验；⑤尚未形成地铁与用地在线网、走廊、站点多层面有效紧密结合的 TOD 开发。

【关键词】POI；核密度；地铁客流；TOD

作者简介

靳来勇，男，硕士，西南民族大学建筑学院，副教授。电子信箱：10663491@qq.com

基金项目

中央高校（西南民族大学）基本科研业务费专项资金项目（2018NQN15）。

基于网络地图数据的上海
新城路网可达性评估

杨一蛟　　顾　民

【摘要】本文在上海"十四五"期间加快推进新城规划建设工作的背景下，对交通可达性分析计算方法进行总结，形成了利用互联网地图数据进行区域现状路网可达性分析的流程。该计算流程基于互联网供应商的开源地图数据库，通过 Python 语言调用互联网地图提供的机动车寻径算法端口，得到关键节点至区域各点的出行时间。利用该方法在考虑交通拥堵的情况下，针对高峰和夜晚间嘉定新城、青浦新城、松江新城、奉贤新城、南汇新城的现状路网可达性进行分类对比评估，分析现状路网与规划目标存在的差异，并结合新一轮规划方案，为新城交通开发建设提供建议。

【关键词】互联网地图；可达性评估；上海新城；道路网络

作者简介

杨一蛟，男，硕士，上海市政工程设计研究总院（集团）有限公司，工程师。电子信箱：61012428@qq.com

顾民，男，硕士，上海市政工程设计研究总院（集团）有限公司，高级工程师。电子信箱：gumin1@smedi.com

基于 AFC 数据的轨道交通
乘客出行规律性研究

刘海旭　邓　进　郝伯炎　王　欢

【摘要】近年来我国城市轨道交通快速发展，精细化运营管理政策的制定是推动轨道交通高质量发展的必然要求，掌握乘客出行规律是政策制定的基础。本文以连续多天的轨道交通自动售检票（Automatic Fare Collection，AFC）数据为基础，利用贝叶斯框架识别出早高峰、平峰及晚高峰时段乘客的出行时空规律特征。结果表明，早高峰时段规律出行乘客数量最大，平峰及晚高峰时段则以弹性出行乘客为主；早高峰中心城内车站进站客流中规律出行乘客占比较低，仍存在较大增长空间；城市北部车站早高峰及全日规律出行乘客占比均高于城市其他区域；服务通勤客流的车站规律出行乘客占比高，交通枢纽类车站规律出行乘客占比低。本文利用轨道交通刷卡数据识别出乘客出行规律及其时空特征，可为后续各大城市制定相关政策提供参考。

【关键词】轨道交通；规律出行乘客；弹性出行乘客；AFC数据

作者简介

刘海旭，男，硕士，北京城建设计发展集团股份有限公司，助理工程师。电子信箱：630680883@qq.com

邓进，男，硕士，北京城建设计发展集团股份有限公司，高级工程师。电子信箱：1014001151@qq.com

郝伯炎，男，硕士，北京城建设计发展集团股份有限公司，助理工程师。电子信箱：1948812798@qq.com

王欢，女，硕士，中咨数据有限公司，工程师。电子信箱：whzzu0907@163.com

互联网迁徙数据在区域客流
分析与预测中的应用

戴骏晨　姜选东

【摘要】为探索区域客流分析与预测的可靠、实用的方法，寻找方便应用的数据源，本文对互联网迁徙数据进行了应用研究。按照传统"四阶段"预测流程的主要步骤分别分析，探索将迁徙数据的城市级 OD（不含城市内）根据小区间社会、空间关系细分为小区级 OD 的实用方法，研究城市间出行方式分担率数据用于方式划分标定的具体实现路径。并初步提出了一套区域客流预测实用性流程，数据输入为研究区域对外出行总量、各城市百度迁徙数据与腾讯迁徙数据（或铁路客票数据）以及利用城市间详细出行数据标定的相关参数。研究表明，互联网迁徙数据可基本反映区域客流实际，在获取更加完善的数据后可较好地应用于区域客流分析与预测。

【关键词】迁徙数据；客流预测；区域客流；城际客流；客流分析

作者简介

戴骏晨，男，硕士，中咨城建设计有限公司江苏分公司，工程师。电子信箱：djc_xy@qq.com

姜选东，男，本科，中国铁路济南局集团有限公司青岛站，工程师。电子信箱：413457798@qq.com

基于多源大数据的老年人
公交出行特征分析

姜 军

【摘要】老年人公交优惠政策是体现人文关怀和使其享受社会福利的重要举措，但也出现了高峰时段老年人与年轻人抢夺公交资源等问题。本文利用公交客流量、财政补贴等统计数据和公交 IC 卡数据、公交车 GPS 数据等多源大数据融合分析方法，分析老年人的公交客流量和财政补贴，挖掘老年人公交出行的刷卡频次、出行时间、线路分布、换乘行为等行为特征。研究发现，老年人享受了较大比例的财政补贴，其公交出行频次和换乘行为更加频繁，出行时间与乘坐公交线路均比较集中，且和通勤出行存在重叠。这种时间和空间上的集中不可避免地带来特定时间、特定空间中老年人和年轻人对有限公交资源的抢夺。本研究可以为老年人公交优惠政策调整提供决策参考。

【关键词】多源大数据；老年人；公交出行；行为特征

作者简介

姜军，男，博士，华设设计集团股份有限公司，高级工程师。电子信箱：99787769@qq.com

基于大数据的京津冀城市群
人口出行特征分析

雷方舒　温慧敏　孙建平　赵　祥

【摘要】《京津冀协同发展规划纲要》《国家综合立体交通网规划纲要》等文件的发布推动了京津冀一体化发展的步伐。在京津冀发展政策制定过程中，对现状人口及出行特征的捕捉至关重要。本文基于七普及手机信令数据，分析了北京、天津的高密度人口聚集特征，基于节假日人口流动现象识别了京、津城市吸引力，指出京津冀协同发展的关键是处理好人口的疏解与聚集。通过与长三角城市群出行特征的对比探讨了京津冀城市群缺乏规模性交通廊道等短板问题，在此基础上重点解析了京津通勤圈、出行圈及主要交通通道，识别出北京通勤圈向东南方向偏移现象与出行圈"圈层+飞地"的空间拓展特征。最后进行了以城市群交通一体化以及"轨道上的京津冀"建设为导向的城市群发展道路的探讨。

【关键词】京津冀城市群；手机信令数据；人口；交通出行；协同发展

作者简介

雷方舒，女，硕士，北京交通发展研究院，高级工程师。电子信箱：15120071504@139.com

温慧敏，女，博士，北京交通发展研究院，副院长，教授级高工。电子信箱：wenhm@bjtrc.org.cn

孙建平，女，博士，北京交通发展研究院，所长，教授级高工。电子信箱：sunjp@bjtrc.org.cn

赵祥，男，本科，北京交通发展研究院，工程师。电子信箱：zhaox@bjtrc.org.cn

基金项目

国家重点研发计划（2018YFB1600700）。

基于信令大数据的机场群
客流预测体系研究

丁晨滋

【摘要】针对目前城市群、都市圈等大区域统筹规划发展的趋势，本文建立了一套能够反映各机场竞合关系的机场群客流预测体系。预测体系在基于对机场群与区域关系特征的分析基础上，利用手机信令大数据对机场客流陆侧分布进行挖掘，引入人均乘机次数的预测方法，在对区域客流总盘预测的基础上，考虑各机场集散设施的时空覆盖、机场枢纽功能等因素进行划分，得出各机场的陆侧客流预测结果。利用预测体系对广东省陆侧航空客流总需求进行了了预测，并划分出规划的佛山新机场近、远期能够服务的客流需求规模。预测体系为未来各城市机场枢纽的统筹规划研究提供了新的技术思路。

【关键词】机场群；客流预测；大数据；综合交通运输；城市交通

作者简介

丁晨滋，男，硕士，广州市交通规划研究院，工程师。电子信箱：731252142@qq.com

基于百度路径规划数据的
城市时间模型构建

陈 巍

【摘要】利用百度路径规划数据可精准分析研究目标在不同时段和不同出行方式下的可达范围。受限于巨大的采集数据量，还没有研究者将百度路径规划数据中的时间指标应用于城市时间模型中。本文对全样本数据按照 1%进行均匀抽样，并利用最临近插值法进行全样本矩阵重构，并以此构建城市时间模型。研究结果表明，抽样数据不仅减小了时间模型的获取数据难度，同时也达到了全样本数据的效果。最后通过构建重庆主城区时间模型，验证了本研究方法的有效性。同时也将时间模型数据通过WebGIS 技术发布交通等时圈分析服务，实现了不同地点、不同交通方式的等时圈分析。

【关键词】百度路径规划数据；最临近插值法；等时圈

作者简介

陈巍，男，硕士，重庆城市交通研究院有限责任公司，中级工程师。电子信箱：476170735@qq.com

基于网络舆情分析技术的
交通治理与决策服务

马 山 邹 哲 曹 钰

【摘要】如何在大数据时代海量网络信息中，精准把握百姓诉求，有效解决百姓问题，已成为当今政府以及广大社会研究人员关注的重点。本研究以百姓网络舆情大数据为研究对象，借助网络爬虫技术获取政务网站留言信息，运用文本挖掘技术方法，通过引入人工智能机器学习算法，构建主题分类的训练模型，实现了留言文本自动分类；通过构建定制化词典，提取空间位置信息、成因关键词信息以及情感指数信息，实现了从看似杂乱无章的非结构化留言文本数据中成功挖掘出更具价值的主题信息、时空信息、情感信息以及成因信息等；研发出基于 PC 端的城市舆情分析软件工具，并以天津为例，应用于城市交通治理的多方面场景中，为城市交通精准治理提供了数据支撑和决策辅助。

【关键词】舆情大数据；文本挖掘；交通治理；数据支撑；决策辅助

作者简介

马山，男，硕士，天津市城市规划设计研究总院有限公司，工程师。电子信箱：376578347@qq.com

邹哲，男，硕士，天津市城市规划设计研究总院有限公司，总工程师，正高级工程师。电子信箱：376578347@qq.com

曹钰，女，硕士，天津市城市规划设计研究总院有限公司，初级工程师。电子信箱：cy20170@163.com

都市核心区站城一体化枢纽智慧交通规划实践

张　研　张　鑫　王玉焕

【摘要】随着站城一体开发理念的普及，交通枢纽及周边地区成为现代大都市活动中心。城市生活资源要素密集，多种交通方式汇聚且冲突激烈，在高密度设施供给和高强度出行需求条件下，借助现代化的智慧交通新基建手段，助力高品质出行服务和站城融合发展，是都市核心区枢纽建设面临的重要课题之一。本文以北京副中心站及周边地区为例，探索建立以综合交通枢纽为核心的城区智慧交通规划设计方法，为其他城市智慧交通枢纽规划提供可操作范式与参考。首先围绕站城一体剖析副中心站及周边地区的智慧交通服务需求；其次以"慧领首都"为主线，确立安全舒适、高效便捷、经济绿色、全程关怀、智慧泛在的智慧交通目标；最后遵循"规划+引导+管理"的智慧交通实现路径，打造全程可靠、智慧引导、舒适高效、动静结合的智慧交通体系，以利于面向不同类型交通枢纽，开展智慧化服务的差异化设计和组合。

【关键词】站城一体化；新基建；铁路枢纽；智慧交通

作者简介

张研，男，硕士，北京市城市规划设计研究院，助理工程师。电子信箱：407431193@qq.com

张鑫，男，硕士，北京市城市规划设计研究院，教授级高级工程师。电子信箱：31917563@qq.com

王玉焕，女，硕士，深圳市城市交通规划设计研究中心股份有限公司，中级工程师。电子信箱：yhwanghh163.com

深圳市城市交通仿真系统发展思考

马 亮 周 军

【摘要】城市交通仿真系统在城市规划科学编制与管理中发挥了重要作用，但目前其仍不能满足新时期规划编制在大数据多源化、决策支撑精准化、时空尺度精细化、模型应用高效化等方面的要求。本文首先从建设背景、目标、内容、应用等方面回顾了深圳市城市交通仿真系统十余年的发展成果。然后，结合规划编制发展新趋势，并总结系统应用中存在问题，提出未来系统建设要求：①及时反映居民出行特征变化；②跟踪城市空间发展规律；③构建覆盖区域—市域—分区三层次的模型体系；④提高模型评估效率；⑤通过在线数据查询和在线模型评估加强数据模型的共享应用。最后，从系统框架、数据管理、数据挖掘、模型开发、模型应用、数据应用六个方面提出了深圳市城市交通仿真系统的发展思路。

【关键词】交通仿真；规划决策支持；交通信息化；系统设计

作者简介

马亮，男，硕士，深圳市规划国土发展研究中心，主任规划师，高级工程师。电子信箱：437551565@qq.com

周军，男，硕士，深圳市规划国土发展研究中心，所长，高级工程师。电子信箱：422835812@qq.com

站城一体枢纽地区交通
仿真评估研究与实践

兰亚京　张　鑫　顾文津

【摘要】站城一体理念是铁路枢纽地区发展的趋势，由于铁路与城市的高度融合带来人流与车流在地区混杂运行，传统交通仿真评估针对单一交通特征的方法需要进行调整。本文以站城一体交通评估对象和手段的差异为切入点，系统分析铁路与城市的交通需求与供给特征，阐述站城地区从仿真对象选取、站城需求融合、设施共享利用到多情境测试的技术路线，并以北京城市副中心站及周边地区交通仿真为实践对象，强调以车行与行人仿真评估系统为抓手，在整体需求融合的基础上，通过搭建仿真模型，分析仿真结果，找出存在问题，以此阐述站城一体枢纽地区如何开展交通仿真评估工作，为全国类似枢纽地区交通仿真技术提供参考。

【关键词】站城一体；铁路枢纽；交通仿真；仿真要点；指标体系

作者简介

兰亚京，男，硕士，北京市城市规划设计研究院，工程师。电子信箱：526875458@qq.com

张鑫，男，硕士，北京市城市规划设计研究院，教授级高工。电子信箱：31917563@qq.com

顾文津，女，硕士，中国建筑设计研究院有限公司，工程师。电子信箱：616771887@qq.com

基于手机信令数据的珠三角
跨市职住特性研究

刘鹏娟　　王卓群

【摘要】在粤港澳大湾区加速融合背景下，通勤范围呈现向都市圈持续扩展的趋势，研究跨市职住特征是开展新一轮湾区规划建设工作的必要基础。手机信令数据具有实时性、完整性、出行时空全覆盖性等优势，有助于研究职住分布关系及区域空间结构。本文主要依托手机信令数据，从珠三角内跨市职住、珠三角内跨深职住、珠三角内跨深圳中心区职住三个层次递进分析跨市职住特性。研究发现，珠三角跨市职住主要集中在广州与佛山、深圳与东莞之间的边界地区，且均表现出较为明显的双向通勤特征；跨市职住在邻深地区形成了东、中、西三个组团融合区域；深圳中心城区大都市圈向心吸引力不足。建议尽快落实穗莞深、深莞、深汕等城际线运营及深中、深珠通道开通使用，为跨市职住人群提供便捷交通出行。

【关键词】珠三角；跨市职住；通勤特性；手机信令；深圳

作者简介

刘鹏娟，女，硕士，深圳市城市交通规划设计研究中心股份有限公司，工程师。电子信箱：13923889671@163.com

王卓群，女，硕士，深圳市城市交通规划设计研究中心股份有限公司，助理工程师。电子信箱：zhuoqun122@163.com

07 韧性交通与风险防控

基于云模型的城市客运枢纽
疫情传播风险评估研究①

胡晓伟　包家烁　唐鹏程

【摘要】城市客运枢纽作为城市交通网络中的关键节点，是疫情防控的重点场所。为了科学评估城市客运枢纽的疫情传播风险等级，本文提出了一种基于云模型的风险评估方法。首先采用德尔菲法进行风险因素识别，建立疫情传播风险评价指标体系，采用结构熵权法确定权重。然后通过正向云发生器计算各评价指标的隶属度向量，由隶属度矩阵和权重矩阵模糊合成综合评价向量，确定城市客运枢纽疫情传播风险等级。最后以新冠肺炎疫情时期哈尔滨西站为案例进行分析，结果表明该方法能够有效解决隶属度函数的单一问题，体现定性指标评价的模糊性和随机性，为制定城市客运枢纽疫情防控策略和交通管控策略提供依据。

【关键词】城市客运枢纽；疫情风险评估；云模型；结构熵权法

作者简介

胡晓伟，男，博士，哈尔滨工业大学交通科学与工程学院，副教授。电子信箱：xiaowei_hu@hit.edu.cn

包家烁，男，硕士研究生，哈尔滨工业大学交通科学与工程学院。电子信箱：19S032028@stu.hit.edu.cn

---

① 基金项目：国家发展改革委基础司委托课题"依托智能技术提升我国交通运输韧性研究"；黑龙江省哲学社会科学研究规划项目"城市交通治理中多元协同共治体系研究（20GLC204）"；哈尔滨工业大学"智慧信息下城市交通治理能力提升策略研究"。

唐鹏程，男，硕士，中交远洲交通科技集团有限公司，高级工程师。电子信箱：tangpc@foxmail.com

交通拥堵对院前急救可达性
的时空影响研究

陈子豪　程晗蓓　苏昱玮　任亚鹏

【摘要】为实现城市居民更加公平地享有医疗服务，提高对可达性更科学、更准确的测度，本文以济南市主城区为案例，借助等时圈模型，对不同峰期院前急救可达时间进行测度，探究工作日高峰期道路交通拥堵对院前急救可达性的影响。研究发现，工作日中济南市主城区院前急救可达时间表现为早高峰＞晚高峰＞平峰期＞午夜时期，其中晚高峰相比无拥堵状态，院前急救可达时间延长 3.36 分钟，早高峰延迟 4.42 分钟。空间特征表现为午夜时段可达性最好，平峰时段与晚高峰时段相似，早高峰时段的空间可达性最差。交通拥堵是影响院前急救可达性的关键因素，建议在未来的城市建设中，改善高峰时段交通拥堵现状，通过合理增加急救站数量、增强动态监测系统等，优化院前急救的可达性水平。

【关键词】院前急救；可达性；济南市；等时圈；交通拥堵

作者简介

陈子豪，男，硕士，山东省城乡规划设计研究院有限公司，武汉大学城市设计学院，工程师。电子信箱：395578527@qq.com

程晗蓓，女，博士研究生，武汉大学城市设计学院。电子信箱：hanbei.cheng@whu.edu.cn

苏昱玮，男，博士研究生，武汉大学城市设计学院。电子信箱：1436072814@qq.com

任亚鹏，男，博士，武汉大学城市设计学院，实验中心副主

任，副研究员，硕士生导师。电子信箱：yalan99@hotmail.co.jp

基金项目

国家自然基金项目"基于集成信息技术的老旧社区复合环境宜居效能机制研究"（52078388）。

新型冠状病毒肺炎疫情下的
上海轨道客流分析及预测

程　微　王忠强　沈云樟

【摘要】为了给突发事件情况下城市轨道客流分析和预测提供经验借鉴，本文首先通过对历史年轨道客流数据的对比，分析了新冠肺炎疫情下上海轨道交通客流情况及其呈现的基本特征，接着运用短期客流预测相关技术，开展 2021 年轨道交通客流预测。在客流分析和预测的基础上，通过对比 2014 年至今上海轨道客流预测的精度，得出新冠肺炎疫情对轨道交通客流预测精度的影响较大。提出突发事件背景下的轨道客流预测须分不同时期进行考虑：突发事件爆发时期，轨道客流由行政干预程度决定；突发事件稳定时期，可将 87% 作为客流分析和预测的参考参数；突发事件稳定时期后期，要考虑客流的波动；突发事件逐渐消逝后，要考虑到突发事件对客流的影响蔓延至该时期。

【关键词】新冠肺炎疫情；轨道客流分析；轨道客流预测

作者简介

程微，女，硕士，上海市城乡建设和交通发展研究院，高级工程师。电子信箱：future312@163.com

王忠强，男，博士，上海市城乡建设和交通发展研究院，高级工程师。电子信箱：wzqqzw2013@163.com

沈云樟，男，本科，上海城市综合交通规划科技咨询有限公司，高级工程师。电子信箱：cloudy_shen@163.com

基于助推理论的后疫情时期
轨道交通出行意愿分析

仝　硕　王书灵　张哲宁　马　洁

【摘要】新型冠状病毒肺炎疫情给城市运行和居民生活带来较大影响，城市轨道交通（不含市郊铁路）客运量出现明显下滑。针对疫情带来的恐慌，本文应用助推理论研究了后疫情时期提升城市轨道交通使用意愿的策略和方法。结合北京居民出行特征和方式选择等影响因素，设计了基于助推理论的乘客出行意愿调查问卷，共设 4 类 10 个助推场景。采用统计模型分析了不同人群在不同助推场景的选择意愿。结果表明，采用助推方式有助于提高疫情后期乘坐轨道交通出行的意愿，且不同人群关注的助推方式存在差异。

【关键词】交通管理；轨道交通；新冠肺炎；助推理论；出行意愿

作者简介

仝硕，女，硕士，北京交通发展研究院，工程师。电子信箱：tongd126yx@126.com

王书灵，女，博士，北京交通发展研究院，教授级高级工程师。电子信箱：wangshuling@bjtrc.org.cn

张哲宁，男，硕士，北京交通发展研究院，高级工程师。电子信箱：zhangzn@bjtrc.org.cn

马洁，女，博士，北京交通发展研究院，高级工程师。电子信箱：maj@bjtrc.org.cn

后疫情时代韧性综合交通体系建设浅析

——以深圳市为例

黄启翔　陶银辉　易陈钰

【摘要】以新冠疫情为代表的全球公共卫生事件对综合交通体系造成深远影响，韧性交通体系建设成为主动应对上述挑战的关键选择。本文梳理了疫情对于国内、国际要素流通及城市交通服务的深远影响，并立足韧性理念，提出韧性交通建设从离散节点到系统整合、从被动应对到主动响应、从刚性管控到柔性治理、从静态识别到动态协同四大转型升级要求，形成"价值共识—制度设计—信用体系—大安全观"共同统建的整体发展构思。以深圳市韧性交通体系建设为案例，阐述后疫情时代，深圳交通体系安全韧性升级工作经验，为国内外韧性交通体系建设提供参考。

【关键词】韧性交通；后疫情时代；公共卫生事件；深圳实践

作者简介

黄启翔，男，硕士，深圳市城市交通规划设计研究中心股份有限公司，工程师。电子信箱：huangqixiang@sutpc.com

陶银辉，男，硕士，深圳市城市交通规划设计研究中心股份有限公司，助理工程师。电子信箱：taoyinhui@sutpc.com

易陈钰，女，硕士，深圳市城市交通规划设计研究中心股份有限公司，助理工程师。电子信箱：yichenyu@sutpc.com

"十四五"期间上海打造韧性
交通系统的初步思考

顾　煜　刘　梅　朱　洪

【摘要】韧性交通是韧性城市的重要组成元素，特别是在面对各种自然和社会灾害时，韧性交通为灾中支持、灾后重建提供重要支撑。"十四五"期间上海积极建设韧性城市和韧性交通，本文通过对国内外韧性城市和韧性交通理论的梳理，以新冠肺炎疫情期间的交通保障为例，评估了上海城市韧性交通实践措施。提出从动态性、多选择、智慧化、便捷性四个维度构建上海韧性交通系统框架，结合上海综合交通体系特点，以信息控制、公共交通、个体交通、物流系统、社区建设五个方面提出韧性交通系统建设具体指标。最后，从处置能力、防控能力、设施能力、应急体系等方面提出了增强上海城市交通韧性的对策建议。

【关键词】韧性交通；韧性城市；"十四五"；上海

作者简介

顾煜，男，硕士，上海市城乡建设和交通发展研究院，副总工，高级工程师。电子信箱：18257695@qq.com

刘梅，女，硕士，上海市城乡建设和交通发展研究院，工程师。电子信箱：825474418@qq.com

朱洪，男，硕士，上海市城乡建设和交通发展研究院，副院长，教授级高级工程师。电子信箱：simonwx@126.com

基于 K-prototypes 聚类算法的上海地铁运营故障分析与风险管控对策研究

王歆远　　李　健

【摘要】近年来我国大城市地铁建设规模和运营里程持续快速增加，地铁运营故障事故也愈发频繁，对城市的交通运行与安全管控产生了严重影响。以往研究多关注于客流疏散组织、应急行为预测与疏散调度，缺乏对于地铁事故相关特征的分析。本文以上海市为例，基于上海地铁运营故障事故数据，对地铁运营故障事故的时间分布、持续时间分布与事故原因进行了分析，并利用 K-prototypes 算法进行了事故聚类。研究结果表明，地铁运营故障事故具有显著的早晚高峰特征，且老旧线路事故多发。事故可分为大区域事故、非换乘站点事故、重大事故、换乘站点事故四类，并提出相应的管控政策建议。

【关键词】交通工程；地铁运营故障；K-prototypes 聚类；风险管控；对策研究

作者简介

王歆远，男，硕士研究生，同济大学交通运输工程学院。电子信箱：15300773086@163.com

李健，男，博士，同济大学交通运输工程学院，博士生导师。电子信箱：jianli@tongji.edu.cn

韧性城市交通评价指标体系
构建及提升策略研究

刘　娟

【摘要】新背景、新理念、新要求下，城市交通被赋予了新的内涵与特征。本文对标自然资源部发布的《市级国土空间总体规划编制指南（试行）》，探讨韧性城市背景下的韧性交通体系。分析了韧性城市交通的内涵及基本特征，学习韧性城市的研究成果，结合城市交通自身特点和在韧性城市中承担的角色，从城市综合发展韧性、道路交通设施韧性、交通运行质量韧性、灾害适应力韧性四个维度提出韧性城市交通评价指标体系，针对其在突发事件下的抗冲击能力及灾害适应力和恢复力，提出城市交通韧性水平提升策略。

【关键词】韧性城市；韧性城市交通；评价指标体系；提升策略

作者简介
刘娟，女，硕士，四川省国土空间规划研究院，初级工程师。电子信箱：775749615@qq.com

大型赛事交通压力测试研究

——以西安市第十四届全运会为例

李　梁　宋瑞涛　朱　凯　王思颖

【摘要】第十四届全运会召开在即，西安城市交通面临赛时观众、国内外游客的服务需求以及城市自身的交通诱增需求。为了集约利用交通资源，保障城市交通的正常运行，需要对赛事交通提出合理的组织方案，对全市交通管理与政策制定科学的策略，开展对城市交通压力的定量计算与分析工作。本次研究围绕大型赛事期间交通变化特征，立足运动会保障与城市居民交通出行的利益需求，总结了大型活动交通组织与政策制定的几种方案。在此基础上，利用软件核算全运会期间的城市交通供给能力，支撑方案的合理性，并提出相关改善建议。

【关键词】第十四届全运会；大型赛事；压力测试；供需分析；政策研究

作者简介

李梁，男，硕士，西安市城市规划设计研究院，工程师。电子信箱：1013104542@qq.com

宋瑞涛，男，本科，西安市城市规划设计研究院，正高级工程师。电子信箱：cyclone1034@qq.com

朱凯，男，硕士，西安市城市规划设计研究院，副高级工程师。电子信箱：10875829@qq.com

王思颖，女，硕士，西安市城市规划设计研究院，工程师。电子信箱：497142133@qq.com

智慧赋能的水上交通应急
管理体系研究与探索
——以苏州市为例

刘　菲　陈　飞　王定森　陈新浩

【摘要】水上交通运输行业发展水平不断提高，船舶数量与航道拥挤程度日益增加，对水上交通运输综合治理提出了更高的要求。应急管理工作对水上交通运输安全治理能力提升具有重要意义。本文以苏州市为例，分析苏州市水上交通运输应急管理现状及存在的问题，结合新发展阶段、新发展理念、新发展格局下信息化技术在交通运输领域的融合应用趋势，从事前感知预警、事发值守接报、事中处置会商、事后评估优化的全流程一体化闭环角度出发，通过互联网、大数据、人工智能等先进技术的融合应用赋能，研究探讨涵盖突发事件主动发现、应急预案智能推荐、可视化指挥与协同处置、全过程跟踪及处置评估、应急培训演练的水上交通应急管理体系，以缓解目前水上交通应急处置以人工经验判断为主、信息化支撑不足的现状，全面提升交通运输安全治理效能。

【关键词】水上交通；应急管理；应急预案；应急指挥

作者简介

刘菲，女，硕士，苏州智能交通信息科技股份有限公司，经理。电子信箱：liuf@sz-its.cn

陈飞，男，本科，苏州市交通运输应急指挥中心，主任。电子信箱：615732071@qq.com

王定森，男，本科，苏州市交通运输应急指挥中心，副科。
电子信箱：411613796@qq.com

陈新浩，男，本科，苏州智能交通信息科技股份有限公司，经理，中级工程师。电子信箱：chenxh@sz-its.cn

08 交通研究与评估

基于结构方程和物元分析的
交叉口交通安全性研究

孙　超

【摘要】为了减少交通事故的发生率，本文提出基于结构方程模型和物元分析的交叉口交通安全预测评价理论体系。首先，将交叉口的事故严重程度以及影响交叉口安全性的四项重要客观条件分别设置为二阶因素和一阶因素，并选择适当的观测变量，建立结构方程模型，以此评估各项指标与交通事故之间的内在关联。其次，根据结构方程模型中一阶因素与观测变量之间的路径系数建立潜变量的定量描述模型，从而将潜变量转化为可测变量。再次，将交叉口的安全性划分成多个等级，运用物元理论建立了交叉口交通安全性的多参数评价模型，该模型综合考虑各因素。最后，基于英国的车祸数据进行实例分析，将交叉口安全性分为五个等级，根据四个潜变量表征值的分布规律对其合理分段，以此建立物元评价模型。利用 Tanimoto 系数计算得到测试集中交叉口安全性等级预测值和实际值之间的相似性为 0.981，而预测准确率为 87%，模型表现稳定。

【关键词】交通工程；交通安全；结构方程；物元分析

作者简介

孙超，男，硕士研究生，哈尔滨工业大学交通学院。电子信箱：1246987297@qq.com

城市道路交通体系迭代升级理论与模型探索

——大都市化趋势下机动交通支撑的更完善实现

张勇民　王　峰

【摘要】机动交通功能的完善实现是支撑大都市空间结构与整体功能顺利运行的关键。随着我国大都市化进程向纵深推进，现有城市道路交通体系建构规范存在结构性矛盾，不能适应发展需要，迫切需要进一步完善。本文通过分析城市道路交通拥堵现象背后原因，抓住平交路网交叉口存在严重机动交通瓶颈这一主要问题，从道路交通体系与规范存在体系性、结构性问题这一视角，提出增加准快速路这一道路层级，并对现有体系的迭代升级提出关键节点改造模型，以及相关的规划与管理举措。

【关键词】交通瓶颈；资源冗余；层级错配；优化层级；迭代升级；准快速路；交通小区

作者简介

张勇民，男，杭州市萧山区规划编制信息中心，副主任，高级规划师。电子信箱：850706424@qq.com

王峰，男，杭州市规划设计研究院，副总工程师，高级规划师。电子信箱：307448658@qq.com

特大城市早高峰拥堵与空间布局形态关系研究

池芳婷　韩昊英

【摘要】如何疏解通勤高峰期的交通拥堵是城市发展过程中普遍面临的难题。交通拥堵与城市空间扩展、用地布局等相互作用和影响。城市空间蔓延扩展对城市交通拥堵的影响巨大，其根源在于城市交通的过度集聚与城市空间有限扩展的矛盾性。本文通过疏理国内外研究发现，城市单中心、多中心组团式布局的不同发展状态对城市交通存在很大影响。合理的空间扩展和有效的功能布局能缓解城市的交通拥堵。本文以同作为特大城市的郑州市和杭州市为例，对比分析不同中心布局演化、空间扩展对其早高峰交通拥堵的影响。进而提出大城市交通拥堵治理的路径，以期综合利用多种方法，打造出紧凑、高效、复合化、可持续的城市交通。

【关键词】交通拥堵；早高峰；空间结构；单中心；多中心

作者简介

池芳婷，女，在读硕士研究生，浙江大学。电子信箱：22012149@zju.edu.cn

韩昊英，男，博士，浙江大学，城乡规划理论与技术研究所所长，教授。电子信箱：hanhaoying@zju.edu.cn

国土空间规划语境下城市交通规划专业人才培养的若干思考

王超深

【摘要】本文采用网络调查、文献检索、实际访谈等方法对城市交通规划行业发展及人才培养现状进行了系统分析，发现从事城市交通规划的人员大多拥有交通运输规划与管理学科背景。但是该学科高校教师参与城市交通规划行业的热度较低、动力不足，该学科在高校课程体系设置方面也存在诸多问题，使得本学科学生实践技能明显弱于城乡规划学科。从知识体系框架、规划基本技能与专业素质等角度看，城市交通规划人员应了解国土空间规划管理程序、编制体系与框架，但当前交通运输规划与管理学科课程体系明显缺乏这方面知识的学习；从行政部门职能分工与高校办学院系设置角度看，城市交通规划主要由传统的规划部门完成，而交通运输规划与管理学科大多在较为"强势"的广义土木工程类或机械车辆类学院下开设，其科研成果主要以SCI、EI检索为考核指标，加剧了该学科与城乡规划学的分离。研究认为交通运输规划与管理学科与城乡规划学科融合是必然趋势，并从促进国土空间规划与交通规划融合、交通与土地协调发展的视角提出了学科融合的具体建议。

【关键字】城市交通规划；交通运输规划与管理；城乡规划学；学科体系

作者简介

王超深，男，博士，四川大学建筑与环境学院，助理研究员，高级工程师。电子信箱：409338893@qq.com

基于 ArcGIS 与地图 API 的
交通等时圈构建方法研究

温豪杰　兰慧慧　胡春斌

【摘要】为提升交通出行分析中区域空间可达性的表达精度与可视化水平，丰富交通出行类大数据和矢量地图绘制在交通规划编制分析过程中的应用，本文提出一种基于 ArcGIS 和地图类应用API 的交通等时圈绘制方法。利用 Python 编译接口程序，通过URL 地址与参数的调整，生成不同行驶规则下小汽车、公交、步行、骑行等多方式实时出行时空属性数据，再通过 ArcGIS 构建空间模型实现数据可视化。并以杭州市某地铁站点为例，生成该点在研究范围内的公交和小汽车出行等时圈。相较于传统方法，本文提出的方法不仅适用于包含公共交通出行方式在内的多方式等时圈构建，具有实时、准确、高效、便捷、易用、灵活等特点，解决了现状等时圈构建出行方式单一的问题，也为地图数据的应用提供了新思路，对编制高质量规划成果具有较高的应用价值和意义。

【关键词】等时圈；可达性；出行；ArcGIS；地图 API

作者简介

温豪杰，男，硕士，杭州市综合交通运输研究中心，助理工程师。电子信箱：slwqy5726887@163.com

兰慧慧，女，硕士，浙江数智交院科技股份有限公司（浙江省交通规划设计研究院），助理工程师。电子信箱：592973415@qq.com

胡春斌，男，硕士，杭州市综合交通运输研究中心，高级工程师。电子信箱：634146730@qq.com

碳中和背景下城市交通研究

——以宿迁市为例

刘　畅

【摘要】随着我国社会经济发展和城镇化进程推进，各城市建设用地规模不断扩大、居民出行活动强度逐年提高，城市机动化水平也稳步上升。城市交通作为碳排放的主要来源，过去几年提出的绿色交通出行是解决城市碳排放问题的理想模式，但受限于城市经济发展需求、相关规划和决策的不足，绿色交通出行在全国各地的实施效果并不理想。本研究一方面通过借鉴国内外经验，对构建城市低碳交通街区、城市交通碳收费、城际高铁发展下的客运体系及能源更新下的货运体系进行了展望；另一方面基于 POI 数据对城市公共交通服务体系、新能源背景下的供能站布局进行问题查找，并对城市交通提出思考。

【关键词】低碳街区；碳收费；公共交通；能源更新；客货运输体系

作者简介

刘畅，男，本科，江苏省规划设计集团，设计师，助理工程师。电子信箱：2425812967@qq.com

国内外典型城市交通方式结构演变研究及应用

谈进辉　毛　伟

【摘要】为借鉴典型城市交通方式结构演变经验，本文选取了国内外交通方式结构发展较为成熟的城市，回顾其交通方式结构演变历程，得出交通方式结构的演变规律。以东莞市为例，回顾其交通方式结构的发展历程，基于东莞市宏观交通模型，设置多情景测试 2035 年交通方式结构。结合国内外城市交通方式结构的演变规律，提出了东莞市交通方式结构合理发展模式，并指出 2035 年前东莞市将一直处于私人交通绝对主导阶段。最后，提出东莞市交通方式结构优化建议：重视高品质公共交通（尤其轨道交通）的投入；鼓励步行、自行车出行；不断推进道路交通优化，挖掘路网潜能；调控小汽车的拥有和使用；分区域优化交通方式结构。

【关键词】交通方式结构；交通模型；策略与建议

作者简介

谈进辉，男，硕士，东莞市地理信息与规划编制研究中心，工程师。电子信箱：adolftan@163.com

毛伟，男，硕士，东莞市地理信息与规划编制研究中心，助理工程师。电子信箱：2424675648@qq.com

碳中和目标下的城市交通变革与发展路径

刘 莹 余 柳 王 婷 梁文博

【摘要】碳中和本质上是实现近零排放，将带来整个社会经济体系的重大创新与变革。在我国城镇化、机动化快速发展进程的驱动下，城市交通成为碳排放的重要来源，亟须转变过去小汽车依赖型、化石能源依赖型的高碳发展模式，加速向零碳排放目标迈进。本文基于"能源生产—能源传输—能源消费"的全链条，对城市交通碳排放的机理进行了解析，阐述了城市交通碳排放的计算方法和核心参数。从车辆能源结构、交通出行结构、货物运输结构三大方面，提出碳中和目标下城市交通面临的重要变革。最后，从尽早出台面向碳中和的机动车电动化发展路线图、促进交通与城市协调发展以打造低碳生活模式、促进个体化出行向集约化出行模式转变、持续推动大宗货物运输结构调整、强化科技创新等方面，提出实现城市交通碳中和的路径建议。

【关键词】城市交通；碳中和；车辆能源结构；交通出行结构；货物运输结构；发展路径

作者简介

刘莹，女，博士，北京交通发展研究院，教授级高级工程师。电子信箱：liuy@bjtrc.org.cn

余柳，女，博士，北京交通发展研究院，教授级高级工程师。电子信箱：yuliu1991@163.com

王婷，女，硕士，北京交通发展研究院，高级工程师。电子信箱：wangt@bjtrc.org.cn

梁文博，男，硕士，北京交研都市交通科技有限公司，工程师。电子信箱：343012351@qq.com

中国城市通勤碳排放研究综述

程 静

【摘要】城市通勤是交通运输业碳排放的主要来源之一，作为当今世界最大的碳排放国，中国如何有效减缓通勤碳排放量成为挑战。本文首先回顾了城市交通及通勤二氧化碳排放的测量方法，由于城市特征与所获数据源的差异性，不同情境下又有着不同的具体测量形式。包括自上向下和自下向上的模型。其次，分析了城市通勤交通碳排放的主要影响因素及其影响机制，并将其分为三类：社会经济、建成环境和居民通勤特征因素。最后，对中国城市在城市规划与交通管理方面的通勤碳排放减缓政策措施进行了研究综述。基于上述工作，分析了中国城市通勤碳排放体系存在的问题并对未来工作进行展望。

【关键词】通勤碳排放；低碳交通管理；碳排放影响因素

作者简介

程静，女，硕士，长安大学。电子信箱：2264569674@qq.com

重庆中心城区跨江交通
分析及发展策略研究

吴翱翔　张敬宇

【摘要】我国有很多城市依大江大河而建，跨江交通往往是这类城市交通的重点和难点，重庆便是其中的典型城市。当前我国大城市发展进入了新时代，解决跨江交通问题也需要新的发展策略。本文对重庆市中心城区 2010 年至 2020 年十年间的跨江交通特征变化进行了分析，然后选取武汉、上海和广州等国内类似大城市作为案例，通过各城市跨江交通出行特征的对比，剖析了重庆市跨江交通与城市空间格局的深层次关系，总结了以往跨江交通发展策略的经验和教训，并对重庆市中心城区桥隧交通需求管理措施的实施效果进行了评估，在此基础上提出了未来跨江交通的发展策略。

【关键词】中心城区；跨江交通；出行特征；需求管理；发展策略

作者简介

吴翱翔，男，硕士，重庆市交通规划研究院，工程师。电子信箱：1031669170@qq.com

张敬宇，男，本科，重庆市交通规划研究院，高级工程师。电子信箱：178526099@qq.com

基于供求关系的北京市
交通拥堵收费政策研究

刘　洋

【摘要】在城市化进程高速发展、城市规模与密度持续增长的共同作用下，交通拥堵已成为新时代建设高质量城市的瓶颈问题。我国正处于从外延式粗放型发展向存量式内涵发展的转型时期，治理城市拥堵问题的思维已由单向式扩张供应走向供需调整的双向改革。交通拥堵收费政策是通过外部效应内部化从而影响出行者决策的有效经济手段，以北京为代表的各城市已对拥堵费政策进行了研究论证。本文以交通拥堵收费理论为基础，首先对比、剖析国外实践范本，并聚焦探究北京市交通现状及供求关系，构建效率、充分性、公平性、回应性及适应性五大综合评估体系，对北京拥堵收费政策的科学性及可执行性进行预判，最后结合国际经验与北京特色，提出制定拥堵收费政策的关键性建议。

【关键词】交通拥堵；拥堵收费；政策评估；策略建议；供求关系

作者简介

刘洋，女，在读硕士研究生，重庆大学建筑城规学院。电子信箱：1225163806@qq.com

深圳港碳达峰与碳中和路径的实践与探索

陈洁敏　李文斌

【摘要】港口是实现交通领域碳达峰、碳中和的核心环节。为推动港口领域碳中和、碳达峰的目标设定和实现路径，挖掘能源消费端节能减排的潜力，本文以深圳港为例，重点梳理、总结了近年来深圳港在港口集疏运结构、绿色港区建设等领域的相关经验。基于深圳港腹地特征、经济运距分析，总结提炼了深圳绿色港口建设过程中存在的问题。综合参考国内外先进港口、航运公司相关经验，提出碳达峰和碳中和的实现路径。具体包括：利用碳足迹测定方法，标定各集疏运方式碳排放因子，测算港口总碳盈亏；从技术和制度层面开展碳捕获和碳补偿研究；从港口运输全过程、全方式角度推动港口节能减排等。

【关键词】绿色港口；碳中和；碳达峰；集疏运体系；绿色港区

作者简介

陈洁敏，女，硕士，深圳市城市交通规划设计研究中心，助理工程师。电子信箱：whhit2011@126.com

李文斌，男，硕士，深圳国家高技术产业创新中心，工程师。电子信箱：1142317494@qq.com

多中心城市结构能够提高出行效益吗?

——来自北京的例证分析与若干思考

吴丹婷

【摘要】多中心空间格局已成为大城市发展的必然趋势,理论上认为理想的多中心结构能够有效降低区域通勤量,带来更高的出行效益。但从现实角度出发,多中心城市结构是否能优化交通组织模式等问题却引发了许多争议。本文基于国内外研究成果,从理论层面系统梳理了多中心城市的概念和多中心结构对交通组织模式优化问题的相关讨论,并简要归纳出多中心城市在不同发展演化路径下的空间形态和出行结构。本文以 2005 年、2010 年和 2014 年的北京市居民出行调查数据为基础,对北京实施多中心发展战略以来的交通组织结构演变和出行效益进行实证检验。得出的主要结论为:2005 年至 2014 年期间,北京市单中心式通勤出行结构没有发生实质性的转变,边缘集团的本地就业率仍然保持在较低水平,职住分离使长距离对外出行成为大部分通勤人群的出行常态,整体出行效益并无明显提高。最后,本文从规划者和决策者的角度出发,对多中心城市未来发展如何提高出行效益的问题提出了若干思考和建议。

【关键词】多中心;交通组织模式;出行效益;北京

作者简介

吴丹婷,女,硕士,北京市城市规划设计研究院,助理工程师。电子信箱: 243691060@qq.com

交通新业态城乡物流一体化发展策略研究

羡晨阳　申梦婷　金江凯

【摘要】开展城乡物流一体化发展策略研究，对于提升城乡物流服务水平，构建"农产品上行、工业品下行"双向循环通道具有重要的意义。本文通过总结浙江宁海县、江苏新沂市优秀的做法经验，开展城乡物流一体化发展阻碍分析，提出了五条发展策略。最后以南京江宁区为实践案例，结合实际情况与物流需求，为江宁区的城乡物流发展提出了加大物流发展关注力度、创新物流节点建设模式、探索融合发展新路径、开创运营组织新模式四个方面的实施路径。结果表明，实施路径对于有效提升江宁区城乡物流一体化发展水平、实现物流降本增效等具有重要意义，同时可进一步科学指导中国其他地区城乡物流一体化发展。

【关键词】城乡一体化；城乡物流；融合发展；运作模式；江宁区

作者简介

羡晨阳，女，硕士，华设设计集团股份有限公司，高级工程师。电子信箱：376491610@qq.com

申梦婷，女，硕士，华设设计集团股份有限公司，工程师。电子信箱：1278874270@qq.com

金江凯，男，硕士，华设设计集团股份有限公司，助理工程师。电子信箱：18303368243@163.com

径向基神经网络在中小城市
路段容量标定中的应用

纪　魁

【摘要】本文以速度—流量模型为基础，基于径向基（RBF）神经网络原理，根据中小城市路段特征，设计了中小城市路段容量标定方法。相对于传统的通过对路段设计通行能力进行修正得到路段容量的方法，该方法避免了确定型数学模型对随机影响因素考虑不足而导致结果精度不高的问题，适合中小城市交通环境复杂、随机影响因素较多的情况。之后，以响水县老城区路网为案例，调查了路段车道数、红线宽度、是否设置路内停车等相关属性，同时调查了部分路段的车流、速度作为训练路段，应用设计的基于 RBF 神经网络的路段容量标定方法对响水老城区的路段容量进行了标定。训练路段预测值和真实值误差处于工程允许范围之内，验证了设计方法的正确性。本研究对路段容量的标定为城市交通规划和管理奠定了数据基础。

【关键词】路段容量；径向基神经网络；中小城市；Greenshields 模型

作者简介

纪魁，男，博士，江苏省城市规划设计研究院有限公司，工程师。电子信箱：397299100@qq.com

MaaS 案例比较研究与
旅游出行场景应用构建分析

杨君仪　安　东

【摘要】随着城市空间的发展，城市出行量迅速增长，多数城市出现拥堵和其他交通问题。本文结合西安市近年来的旅游人数激增情况，思考如何构建高效集约的交通运作模式。通过梳理 MaaS 体系的理念、系统以及服务内容，对特征进行分析与梳理。结合国内外应用 MaaS 平台的经验，提出了旅游出行场景下的 MaaS 体系应用平台构想，并对该场景下的出行服务提出了平台框架与内容。旨在提高城市交通运行效率、为多模式交通联运提供平台，并为出行用户提供良好的服务，在城市发展中提升交通出行的质量。

【关键词】MaaS（Mobility as a Service，出行即服务）；出行场景；出行路径；交通出行方式

作者简介

杨君仪，女，硕士，西安市交通规划设计研究院有限公司，助理工程师。电子信箱：juneyoung2827@163.com

安东，男，博士，西安市城市规划设计研究院，所长，高级工程师。电子信箱：125290635@qq.com

基于面板数据的东莞市
私人汽车保有量影响因素研究

周　荣　谢明隆

【摘要】本文基于东莞市 33 个镇街 2010 年至 2018 年的机动车保有量数据，并选择包含经济特征和城市特征的 5 个解释变量，建立了混合回归模型、固定效应模型和随机效应模型。估计结果表明，固定效应模型比混合回归模型、随机效应模型具有更好的形式。此外，基于东莞市特殊的地理区位，各镇街间私家车保有量也存在差异，本文选取了中心城区和临深 9 镇的数据进行建模发现，临深 9 镇预测的私人汽车保有量应高于现状统计量，2018 年应该达到 92 万辆，比统计结果增加 14 万辆。最后，介绍和讨论了造成这些变化的各种因素的影响。

【关键词】私人汽车保有量；面板数据；混合回归模型；固定效应模型；随机效应模型

作者简介

周荣，男，硕士，深圳市城市交通规划设计研究中心股份有限公司，助理工程师。电子信箱：zhourong@sutpc.com

谢明隆，男，硕士，深圳市城市交通规划设计研究中心股份有限公司，高级工程师。电子信箱：114243401@qq.com

"双碳"目标下交通碳排核算
与减碳关键策略研究

——以深圳市为例

郑　健　江　捷　黄启翔

【摘要】交通领域碳排放已成为深圳二氧化碳排放的第一大排放源，"双碳"发展目标与"双区"驱动战略下，深圳亟须积极践行交通领域优先达峰的发展路径，努力在碳达峰、碳中和方面走在全国前列。当前深圳交通发展仍面临交通结构优化瓶颈、新能源设施供给短缺、碳排放核算"自说自话"等若干问题与挑战，如何在保障交通出行效率品质与减碳、降碳间寻求平衡，是实现"双碳"目标的难题。本研究首先对交通领域碳排放核算方法进行了探讨，明确了交通碳排核算的关键前提要素。从建立碳排放监测体系、优化交通出行结构、加大新能源设施供给、探索交通减排机制创新、加强绿色出行宣传引导等方面，提出了深圳交通碳达峰的若干关键策略建议。

【关键词】碳达峰；碳中和；交通领域；碳排核算；关键策略

作者简介

郑健，男，硕士，深圳市城市交通规划设计研究中心股份有限公司，中级工程师。电子信箱：zhengj@sutpc.com

江捷，男，硕士，深圳市城市交通规划设计研究中心股份有限公司，高级工程师。电子信箱：jiangj@sutpc.com

黄启翔，男，硕士，深圳市城市交通规划设计研究中心股份有限公司，中级工程师。电子信箱：huangqixiang@sutpc.com

基于 LBS 数据应用的城市级活力评估

宋嘉骐　沈子明　安　健

【摘要】城市活力作为城市繁荣发展的直接表征，对其准确的衡量与评估对于城市发展具有重要的意义。本文基于兴趣点（POI）和位置服务数据（LBS），利用活力识别算法筛选与城市公共空间交互的社会活动及行为，同时利用活力差值进行热点分析，对国内 8 座重点城市活力进行时空评估。结果表明：①城市活力的时效性明显，以 24 小时为周期呈下降、上升和波动的变化趋势，且 8 座城市周末平均活力均低于工作日；②由于各城市发展阶段、产业结构、人口岗位的不同，其日均活力变化幅度也有所不同；③活力空间分布与职住分布有较强联系，工作日与周末活力聚集空间分布差异较大，部分活力高值聚集区的交通设施配套不完善；④不同产业片区内 24 小时活力变化特征差异明显，侧向反映出其内部不同人群的出行需求。

【关键词】LBS 数据；活力差值；空间热点分析；城市级活力评估

作者简介

宋嘉骐，男，硕士，深圳市城市交通规划设计研究中心股份有限公司，助理工程师。电子信箱：coolsizesong@163.com

沈子明，男，硕士，深圳市城市交通规划设计研究中心股份有限公司，中级工程师。电子信箱：493466810@qq.com

安健，男，博士，深圳市城市交通规划设计研究中心股份有限公司，副高级工程师。电子信箱：anjian@sutpc.com

基于城市空间的国际航空枢纽评价指标体系研究

蒋咏寒

【摘要】建设国际航空枢纽已经成为我国超（特）大城市的发展战略之一，但是目前国内对国际航空枢纽的评价指标主要集中在机场自身，无法全面评价国际航空枢纽与城市空间的关系。本文在总结当前国际航空枢纽评价指标体系研究情况和存在问题的基础上，对巴黎和新加坡两个全球公认的国际航空枢纽进行分析，总结其在处理机场与城市空间关系时考虑的要素。在此基础上，提出基于多机场体系、时空关系、临空经济发展三个层级与城市空间紧密相关的国际航空枢纽评价指标体系。本文基于指标体系的研究，对我国超（特）大城市建设国际航空枢纽提出三点建议：构建多机场体系，带动城市空间格局优化；构建以轨道为中心的集疏运系统，拓展机场腹地；优化机场周边用地，大力发展临空经济。

【关键词】国际航空枢纽；城市空间；评价指标

作者简介

蒋咏寒，男，硕士，深圳市城市交通规划设计研究中心股份有限公司，工程师。电子信箱：jiangyonghan@sutpc.com

世界级城市小汽车综合
使用成本比较与发展启示

朱启政　丁思锐　安　健

【摘要】随着城市土地资源的日益紧缺，交通基础设施建设面临空间资源紧约束的困境，道路交通发展转向以"存量优化"为主的新阶段，根据自身发展诉求制定针对性的小汽车经济调控手段已成为国际高密度超大城市的共识。过去5~10年，深圳市道路交通供需矛盾日益突出，道路交通拥堵问题已逐渐成为制约发展、影响民生的重要因素。本文系统分析了世界级城市在小汽车购车、使用、停放的全生命周期的经济调控手段，为深圳小汽车总量调控、出行管理、合理停放等提供经验借鉴和建议，在国内汽车市场逐步宽松的背景下支撑深圳发挥先行示范作用，为城市交通治理提供精准决策支持。

【关键词】交通政策；需求管理；购车成本；用车成本；停车成本

作者简介

朱启政，男，硕士，深圳市城市交通规划设计研究中心股份有限公司，中级工程师。电子信箱：carterdrew@163.com

丁思锐，男，本科，深圳市城市交通规划设计研究中心股份有限公司。电子信箱：dingz27895123@aliyun.com

安健，男，博士，深圳市城市交通规划设计研究中心股份有限公司，高级工程师。电子信箱：anjian@sutpc.com

上海建设"轨道上的都市"
历程回顾和展望

张毅媚　张安锋

【摘要】上海"十四五"规划纲要明确提出，加快形成"中心辐射、两翼齐飞、新城发力、南北转型"的空间新格局，长三角示范区、临港新片区、五大新城等成为上海的新一轮战略空间，将引领长三角城市集群对外辐射，上海城市空间的发展真正开始从中心城市的极化发展进入都市圈的组团发展，需要轨道交通引领，构建轨道上的上海都市圈。本文回顾了上海城市轨道交通规划的建设历程，分为概念谋划、单线建设、规模成网三个阶段，并评估了轨道交通在不同阶段与城市空间互动发展和演变过程中的作用。在都市圈视角下，重点思考三个方面：一是结合跨界交通需求，谋划上海与都市圈节点城市尤其是邻沪区域之间的通道；二是实现由末端向节点城市的转变，研究五大新城加快融入上海大都市圈轨道交通规划建设的策略；三是优化轨道交通市域线、市区线、局域线网络功能。

【关键词】都市圈；轨道交通；新城

作者简介

张毅媚，女，博士，上海市上规院城市规划设计有限公司，交通市政所副所长，高级工程师。电子信箱：zym_hust@163.com

张安锋，男，本科，上海市上规院城市规划设计有限公司，公司副总经理，教授级高级工程师。电子信箱：zym_hust@163.com

智慧城市背景下城市无人机物流的发展思考

郑　林　黄伟刚

【摘要】随着城市立体综合交通网络快速发展，无人机物流灵活性高、时效性高等特点得到越来越广泛的认可。2019年，中共中央、国务院印发的《交通强国建设纲要》要求推进智能收投终端和末端公共服务平台建设，积极发展无人机物流递送，无人机物流迎来良好的发展机遇。但在实际运行中，空域限制、飞行保障不足、地面设施缺乏联动等因素却制约着无人机物流的进一步发展。而各地正积极建设的智慧城市为解决无人机物流所遇到的障碍提供了新的思路。本文分析了无人机物流的特性和开发价值，结合无人机物流管理体制、使用现状以及智慧城市建设，从空域划设、协同管理、智慧调度、飞行保障等方面提出思路和建议。

【关键词】无人机物流；城市空间；无人机空域；低空飞行

作者简介

郑林，男，硕士，深圳市城市交通规划设计研究中心股份有限公司，资深工程师。电子信箱：117289249@qq.com

黄伟刚，男，硕士，深圳市城市交通规划设计研究中心股份有限公司，主办工程师。电子信箱：huangwg@sutpc.com

基于城市道路特征的限速取值优化研究

金　辉　钱红波

【摘要】为科学合理地设置城市道路限速值，本文针对车道宽度、中央隔离设施、机非隔离设施、主辅路开口、交叉口间距等城市道路特征，建立运行车速与城市道路特征之间的回归模型，分析其对车辆运行速度的影响程度，提出城市道路限速取值优化方法。以宁波市 10 条城市道路在自由流情况下的运行车速为研究对象，对不同城市道路特征进行回归分析，结果表明运行车速与城市道路各项特征的关系显著，说明基于城市道路特征的限速取值优化是可行的。本文利用基于车速离散程度、车辆跟驰性、交叉口间距和驾驶员舒适性的最大车速作为城市道路最高限速基准值，根据回归分析结果对最高限速基准值修正，从而获得优化后的城市道路合理限速值。

【关键词】城市道路；速度管理；限速值

作者简介

金辉，男，硕士，宁波市鄞州区规划设计院，助理工程师。电子信箱：527793500@qq.com

钱红波，男，博士，上海海事大学，副教授。电子信箱：hbqian@shmtu.edu.cn

城市道路交通阻塞诊断研究综述

李佳贤　杨晓光　李　锐

【摘要】城市道路交通阻塞问题是城市交通研究的基础问题，是世界性城市交通难题，也是城市病的主要表现之一。城市道路交通阻塞如何诊断与治理，是全社会关注的焦点，是交通从业人员持续研究的课题方向。本文基于已有研究成果对城市道路交通阻塞诊断的发展过程及研究进展进行总结分析，提出城市道路交通阻塞"诊—断—析—治"四位一体的诊断体系及城市道路交通阻塞诊断系统的六大功能，对城市道路交通阻塞的识别分析、量化评价、致因解析及治理对策等研究内容进行综述，最后对城市道路交通阻塞诊断研究的未来方向进行探讨。本文研究成果有助于城市道路交通阻塞精准诊断及溯源治理，可为城市道路交通阻塞诊断研究提供参考。

【关键词】城市交通；道路交通；阻塞诊断；诊断体系

作者简介

李佳贤，男，硕士，同济大学道路与交通工程教育部重点实验室。电子信箱：lijiaxian@tongji.edu.cn

杨晓光，男，硕士，同济大学道路与交通工程教育部重点实验室，教授。电子信箱：yangxg@tongji.edu.cn

李锐，男，本科，同济大学道路与交通工程教育部重点实验室。电子信箱：2031384@tongji.edu.cn

基金项目

国家自然科学基金面上项目"供给约束条件下老城区道路交通优化设计理论"（52072264）。

武汉市主城区路网系统综合评估与对策研究

朱林艳　李海军　何　寰　王　韡

【摘要】当下国内对城市路网的评估多集中于对现状路网建设情况和运行效率的评估，仅能评估城市路网的完整性和高效性，无法体现城市路网与城市发展的适应性以及空间舒适性。本文通过梳理国内外主要城市的交通发展历程，对武汉市的交通发展趋势进行了分析研判，并提出面向中长期的路网建设目标。以武汉市主城区为例，从系统性、适应性、高效性和舒适性四个层面构建了路网评估体系及主要评估指标，对现状路网系统的技术等级、运行情况和空间品质等进行综合评估，并从干线道路、微循环道路、道路节点三个方面提出改善策略，为顺应城市未来发展方向、缓解城区交通拥堵问题、实现高质量发展和精细化管控等方面提供决策支撑。

【关键词】路网系统；综合评估；指标体系；主城区；武汉

作者简介

朱林艳，女，硕士，武汉市规划研究院，助理工程师。电子信箱：1171719148@qq.com

李海军，男，硕士，武汉市规划研究院，交通市政分院院长，正高职高级工程师。电子信箱：479964095@qq.com

何寰，男，硕士，武汉市规划研究院，主任工程师，高级工程师。电子信箱：3214124@qq.com

王韡，男，硕士，武汉市规划研究院，工程师。电子信箱：466827377@qq.com

城市交通高质量发展评价
指标体系建构研究

【摘要】建立高质量发展评价指标体系是推动城市交通领域高质量发展的前提和基础。本文对照国际经验，结合国家高质量发展总体要求，阐明了用创新、协调、绿色、开放、共享五大新发展理念指导中国城市交通高质量发展的重要意义，指出现阶段该领域高质量发展的具体目标和任务应是支撑好新型城镇化、乡村振兴、交通强国等国家重大战略实施，同时解决好创新发展缺引领、协调发展有不足等各种现状问题。为此，本文建构了包括理念层、目标层、任务层和指标层 4 个层次，共 27 项指标的城市交通高质量发展评价指标体系，并将评价指标分为核心指标和一般指标。城市交通高质量发展评价指标体系应随高质量发展内涵的不断演进及时动态调整。

【关键词】城市交通；指标体系；高质量发展

作者简介

毛海虓，男，博士，中国城市规划设计研究院，高级工程师。电子信箱：877396964@qq.com

轨道交通规划对文物保护影响评估研究

——以青岛为例

赵贤兰　徐泽洲　郑晓东　王　乐

【摘要】在城市轨道交通快速发展的背景下，其建设和运营给历史文化名城保护，尤其是文物保护带来的问题日益突出。在梳理相关文献研究及法律法规要求的基础上，本文分析轨道交通各规划阶段对文物保护的要求，提出轨道交通规划各阶段对文物影响评估的框架内容。最后，以青岛拟报轨道交通三期建设规划对沿线文化遗产影响为例，指出轨道近期建设规划阶段文物影响评估的技术路线及工作内容，为后期类似城市项目提供参考依据。

【关键词】轨道交通；历史文化名城；文物影响评估

作者简介

赵贤兰，男，硕士，青岛市城市规划设计研究院，工程师。电子信箱：784726967@qq.com

徐泽洲，男，硕士，青岛市城市规划设计研究院，高级工程师。电子信箱：qdjtyjzx@vip.163.com

郑晓东，男，硕士，青岛市城市规划设计研究院，工程师。电子信箱：15762289937@139.com

王乐，男，硕士，青岛市城市规划设计研究院，工程师。电子信箱：15652957457@139.com

基于深度神经网络的小区级
城市土地利用形态预测建模

任 智 钟 鸣 崔 革

【摘要】为了实现城市交通与土地利用一体化规划，必须理清交通系统与土地利用系统之间的互动关系，并开发一个综合交通驱动作用下的非集计土地利用形态预测模型，例如土地利用小区（LUZ）或交通分析小区（TAZ）。然而，由于国内缺乏非集计粒度的相关数据，很难建立小区级的土地利用形态预测模型。本研究借助 PECAS（生产、交换和消费分配系统）模型解决开发此类模型所面临的数据问题。同时，以可达性为中轴，分析了城市交通与土地利用之间的相互作用机理，并以此为指导，在小区层面建立了基于深度神经网络的土地利用形态预测模型。最后，对模型进行了分析和评价。结果表明，该模型预测精度较高，可以为城市交通和土地利用规划者提供决策支持，从而促进城市的可持续发展。

【关键词】城市交通；土地利用；可达性；深度神经网络

作者简介

任智，男，硕士，武汉理工大学。电子信箱：renzhi@whut.edu.cn

钟鸣，男，博士，武汉理工大学，教授。电子信箱：mzhong@whut.edu.cn

崔革，男，博士，武汉理工大学，助理研究员。电子信箱：cuigewhu@whut.edu.cn

基金项目

国家自然科学基金"交通驱动城市混合土地利用形态演化机理与发展预测研究"（51778510）；

国家重点研发计划"综合交通运输与智能交通"重点专项"城市多模式交通供需平衡机理与仿真系统"项目（2018YFB1600900）。

国外绿道发展经验对我国规划实践的启示

吴丹婷

【摘要】随着国内城市发展进入转型期，在"生态保护""绿色低碳""健康宜居"等新议题下，绿道在生态、游憩、经济、文化、美学等方面的综合功能和效益逐渐受到重视，成为新时期高密度城市发展的重要抓手。自 2010 年广东珠三角绿道网规划以来，国内许多城市在绿道实践上取得突破性进展，但仍暴露出对绿道内涵理解不清、规划体系不完善、政策缺乏联动、指标导向单一、综合效益不佳等普遍性问题。本文选取新加坡、伦敦、巴黎三个城市，对其绿道发展经验进行总结和归纳，为国内绿道的规划实践提供借鉴参考。结合新时期要求和自身国情，今后我国绿道发展应注重长期性战略、组合式政策、精细化指引、数字型治理。

【关键词】绿道；国外经验；新加坡；伦敦；巴黎

作者简介

吴丹婷，女，硕士，北京市城市规划设计研究院，助理工程师。电子信箱：243691060@qq.com

基于组合模型的短时交通流预测方法研究

何鸿杰

【摘要】短时交通流具有稳定趋势和周期特征的同时，也具有较强的短时波动特征，因此既有常用的预测模型难以在短时交通流预测中实现较高的预测精度。为更准确地进行短时交通流预测，本文提出一种基于三次指数平滑法（ETS）和深度残差网络（DRN）的组合预测模型。首先利用 ETS 提取和预测交通流数据中的趋势和周期特征，并得到剩余误差项；然后使用 DRN 从剩余误差项中进一步提取和预测短时波动特征；最后融合上述两个模型的预测结果得到短时交通流预测结果。并使用组合模型分别对北京巡游出租车和纽约共享自行车数据集进行模型训练和预测。经过比较分析表明，相较于已有的时间序列预测模型、深度学习模型和单独使用 ETS 或 DRN，组合模型具有更好的短时交通流预测精度，且计算量和网络复杂度均维持在较低水平。

【关键词】城市交通；短时交通流预测；三次指数平滑；深度残差网络

作者简介

何鸿杰，男，硕士，广州市交通规划研究院。电子信箱：38528244@qq.com

长三角城市群交通出行
特征演变及发展建议

陈 欢 吴 钰

【摘要】为更好地支撑区域交通发展研究，本文依托区域手机信令数据和各类交通方式的系统数据，获得不同空间层次的交通出行需求特征。2019 年上海日均对外客流约 207 万人次，其中 75% 在长三角范围内。随着高速铁路的迅速发展，铁路在城际出行中的作用日益凸显，2009～2019 年铁路出行比例大幅提升 9 个百分点，达到 33%。市域轨道线路的跨省运营方面，嘉定、青浦和苏州、太仓间已经形成了比较明显的跨城通勤走廊，城际通勤群体规模在 9 万人左右。2020 年新冠肺炎疫情对区域出行产生影响，下半年长三角地区出行需求逐步恢复到常态并维持增长态势。上海应该增强国际、国内两个扇面的辐射能力，加强内外衔接功能，强化五大新城节点城市的功能，提升上海国际航运中心能级，更好地服务长三角一体化发展，迈向新格局。

【关键词】长三角；交通；出行特征

作者简介

陈欢，女，硕士，上海市城乡建设和交通发展研究院，交通管理室主任，高级工程师。电子信箱：cathleen.ch@163.com

吴钰，女，大专，上海市城乡建设和交通发展研究院，工程师。电子信箱：mingyi20863@sina.com

都市圈轨道交通背景下的
城市居民出行方式选择研究

王 俊

【摘要】近年来，我国都市圈轨道交通发展态势迅猛，为城市居民的出行带来了更为便利、多样化的选择。为研究都市圈轨道交通对城市居民出行的影响以及影响其出行方式选择的关键因素，本文以广州市为例，构建广州市居民出行方式选择模型，利用模型分析各相关变量对居民出行方式选择的影响程度，并有针对性地提出"低碳交通、绿色出行"的对策与建议，为相关部门调整优化交通结构布局提供理论支持和可行借鉴。

【关键词】交通出行方式；轨道交通；MNL 模型

作者简介

王俊，男，硕士，广州市交通规划研究院。电子信箱：450850280@qq.com

广州城市交通出行方式演变及交通模式研究

甘勇华　黄启乐　景国胜

【摘要】改革开放以来，随着机动化交通工具的普及，城市交通模式发生快速变化，对城市交通规划、建设、管理等方面都提出了不同的要求。为应对新时代背景下对城市交通的新发展要求，有必要开展交通模式演变研究分析。本文利用历次居民出行调查的统计数据，重点分析改革开放后不同阶段广州交通模式的发展演变脉络，研究交通模式主要影响因素的发展趋势。研究表明，广州市的交通模式经历了以慢行交通为主、慢行交通占绝对主导地位、机动化（摩托车）快速发展、公共交通和个体机动化（小汽车）均衡发展等阶段研究。提出未来在人口增长、空间布局延展、交通设施供给增加、绿色交通发展要求等因素影响下，广州将形成以轨道交通为主的公共交通主导模式。本研究从城市交通出行方式与经济、人口、空间布局、设施供给等因素之间的关系出发，总结广州的交通模式演变脉络，可供国内相关城市参考借鉴。

【关键词】城市交通；出行方式；交通模式；发展演变；广州

作者简介

甘勇华，男，硕士，广州市交通规划研究院，副院长，教授级高级工程师。电子信箱：274191782@qq.com

黄启乐，男，硕士，广州市交通规划研究院，工程师。电子信箱：qilehuang@foxmail.com

景国胜，男，硕士，广州市交通规划研究院，院长，教授级高级工程师。电子信箱：1049319342@qq.com

基于经济属性划分的城市居民通勤特征与交通策略优化研究

——以深圳市为例

崔秦毓　黄依婷

【摘要】在人本理念主导的时代，从职住平衡的视角探究不同经济阶层人群的职住空间特征及匹配，是实现城市职住空间融合和优化通勤绩效的关键。本研究以深圳为例，耦合手机信令数据和房价数据实现人群经济水平的划分，并采用空间错位指数和职住平衡度等研究方法对深圳市不同经济水平人群的职住空间特征进行分析。研究发现：①深圳市关内外发展不均衡，导致不同经济水平人群职住空间集聚的差异；②从整体通勤特征来看，不同经济水平用户出行距离存在明显差异，但出行时间表现均衡；③深圳城市居民居住与就业空间分布圈层分异明显，但各类人群的就业都基本集聚在关内的几大就业中心。结果进一步表明，不同经济水平人群的职住空间选择受到地理条件、经济发展和社会因素等影响。最后，针对研究结果从宏观到微观的角度针对性地提出城市交通策略优化的建议。

【关键词】交通策略优化；通勤绩效；职住关系；深圳

作者简介

崔秦毓，男，在读硕士研究生，深圳大学。电子信箱：cuiqinyu2020@email.szu.edu.cn

黄依婷，女，在读硕士研究生，深圳大学。电子信箱：906125150@qq.com

基于多源数据的中小城市
居民出行特征分析方法研究

——以三河市为例

邓　晶　胡刚钰　黄建中　张　乔　方文彦

【摘要】传统居民出行调查以抽样问卷为主，存在耗时长、效率低、成本高等现实问题。本文考虑中小城市与周边大城市的时空联系以及中小城市对基础数据的获取难度，根据实际规划编制工作需要，在多源数据前提下，以 LBS 大数据、网络出行问卷为主要基础，部门调研为重要支撑，横向案例与历史数据为一般参考，评估数据与指标结论的关联性、数据来源可靠性，对多数据来源相互校核，形成相互支撑和验证的数据体系，建立通过多源数据研判中小城市居民出行特征的分析方法，为国土空间规划背景下的综合交通体系规划提供规划依据。以三河市为例，在有限数据资源下，通过多源数据校核，合理分析城市居民内部与对外出行特征，为三河市综合交通体系规划提供有力支撑。

【关键词】多源数据；中小城市；LBS 数据；居民出行特征；三河市

作者简介

邓晶，女，硕士，上海云策规划建筑设计有限公司，工程师。电子信箱：dengjing9487@126.com

胡刚钰，女，硕士，同济大学建筑与城市规划学院，博士研究生在读，工程师。电子信箱：hugangyu1991@163.com

黄建中，男，博士，同济大学建筑与城市规划学院，教授，

博士生导师。电子信箱：hjz03213@vip.126.com

张乔，男，硕士，上海同济城市规划设计研究院有限公司，主任规划师，高级工程师。电子信箱：zqia0@126.com

方文彦，男，硕士，上海同济城市规划设计研究院有限公司，副主任规划师，工程师。电子信箱：447040045@qq.com

昆山市交通影响评价工作实施评估与创新

徐　滨　肖　飞　杨　柳　余启航　汪　斌

【摘要】交通影响评价是通过提前预判缓解城市交通拥堵，规避土地超强开发的规划控制措施，其执行情况直接影响现代化城市交通环境的建设。昆山市自 2006 年开始开展交通影响评价工作，逐步成为政府管理部门决策审批的强有力依据，但目前在实际操作中仍存在技术标准不健全、评审流程形式化、从业单位无监管等问题，减弱了交通影响评价的实施效果。本研究通过回顾昆山交评工作十多年来的发展历程，总结、评估了工作成效和存在的主要问题。针对主要问题展开研究分析，结合新发展理念下对城市交通体系的要求，参考周边城市交通管理经验，从技术要求、审查机制、监管模式等方面分析，探索优化策略与创新做法，为审查部门提供相应的审查技术指南，为项目规划设计人员提供规划设计指导。

【关键词】交通影响评价；实施评估；审查机制；监管模式；技术指南

作者简介

徐滨，女，硕士，苏州规划设计研究院股份有限公司昆山分公司，高级城市规划师。电子信箱：744699846@qq.com

肖飞，男，硕士，苏州规划设计研究院股份有限公司昆山分公司，高级城市规划师。电子信箱：744699846@qq.com

杨柳，男，硕士，苏州规划设计研究院股份有限公司昆山分公司，高级城市规划师。电子信箱：744699846@qq.com

余启航，男，硕士，昆山市自然资源和规划局，高级工程

师。电子信箱：744699846@qq.com

汪斌，男，硕士，昆山市自然资源和规划局，工程师。电子信箱：744699846@qq.com

广州市对外客运发展特征及趋势建议研究

甘勇华　欧阳剑

【摘要】对外客运交通发展水平既与经济社会发展互为支撑，也与交通基础设施供给水平、对外客运方式间的竞合密切相关。本文重点分析了广州公路、航空、铁路在客运规模、方式结构组成等方面的演变特征，结合新时代发展要求，预测 2035 年广州对外客运量将达 766 万人次/日，与粤港澳大湾区联系占比75.3%，该范围内对外铁路轨道出行占比约 40%。提出广州建设国际一流航空枢纽，优化铁路枢纽和网络布局，构建与大湾区多层级、多模式轨道交通建设，提高公路运输韧性服务及促进综合交通运输衔接一体化等对策建议。

【关键词】对外客运；需求预测；客运量；方式结构；广州

作者简介

甘勇华，男，硕士，广州市交通规划研究院，副院长，教授级高级工程师。电子信箱：274191782@qq.com

欧阳剑，男，硕士，广州市交通规划研究院，工程师。电子信箱：1131551023@qq.com

城市商务区空中步行系统效能评价研究

——以虹桥商务区中轴为例

窦　寅　王欣宜

【摘要】当前商务区绿色交通体系中建设空中步行系统是常常采用的举措，但往往存在只注重连接而忽视精细化设计的现象，导致使用率不高和体验感差的问题。虹桥商务区作为上海重点打造的新兴商务区，沿中轴的空中步行系统已初步建成，有必要对其使用效能进行评价研究。本文对先进案例城市做法进行总结，确定评价标准，采用多源数据和空间句法、GIS 分析及现场调研结合的方法，从空中步行系统自身、与周边建筑的协同以及人群的实际使用情况三个层面对研究对象进行评价。研究发现线形走向不简捷、与周边建筑道路联系少、运营管理公私权责不明是导致空中步行系统使用率不高和体验感差的主要原因。最后针对以上问题提出了对商务区空中步行系统规划建设管理的思考。

【关键词】空中步行系统；虹桥商务区；效能评价；空间句法；多源数据

作者简介

窦寅，男，在读硕士研究生，同济大学建筑与城市规划学院。电子信箱：1932203@tongji.edu.cn

王欣宜，男，在读硕士研究生，同济大学建筑与城市规划学院。电子信箱：bjtuwxy@126.com

"碳中和"背景下TOD指引体系研究

——以宁波为例

旷 达

【摘要】2020年,中国首次向世界宣布中国实现"碳达峰"与"碳中和"的愿景。城市交通低碳化是实现"碳中和"目标的重要组成部分,而TOD公共交通导向性发展,以公共交通为路线、公交站点为基础,集优化城市交通与土地利用,促进绿色交通发展等重要功能为一体,为城市发展与促进"碳中和"提供了一套解决方案。如何将TOD理论和国外经验应用在我国城市开发上,并加快实现"碳中和"目标,是当前我国大城市所面临的挑战。

本文采用定性研究及定量分析的方法,对"碳中和""碳达峰"背景下TOD发展的脉络进行了梳理,对宁波市当前城市发展及交通衔接进行剖析,聚焦现存及规划问题,结合"碳中和"与"碳达峰"目标,提出适应宁波需求的TOD指引体系,通过导则对TOD规划、开发建设及运营阶段提出控制指标与要求,构建一套切实可行的指引与导则机制,以期为未来中国城市高效发展、加快实现"碳中和"目标提供参考。

【关键词】TOD;碳中和;碳达峰;高效;指引体系

作者简介

旷达,男,硕士,深圳市城市交通规划设计研究中心股份有限公司。电子信箱:kuangda@sutpc.com

基于目的地选择模型的城市活力区和中心城区边界划分研究

裴　煦　何家欢　邵　勇　王学勇　马元直

【摘要】当前，受城市发展历史原因影响，根据城市圈层边界定义中心城区边界较为普遍。为了合理配置城市道路资源，本文基于手机信令和互联网位置数据，识别职住分离度较高地区，结合滨海新区 1.1 万户居民的出行数据，建立以通勤为主要出行目的（HOWOH）的出行链巢式（Nest Logit）效用模型。各条出行链选取 40 个备选肢交通小区，根据其规模变量、位置变量、内部控制变量、路网服务水平变量、地区可达性变量等参数，建立目的地选择效用模型，将个人对于就业地选择的过程更真实地反映出来，从目的地选择偏好、职住偏离度、交通服务可达性三方面识别城市活力区和中心城区边界。

【关键词】目的地选择模型；职住偏离度；交通服务可达性；城市活力区；边界划分

作者简介

裴煦，男，硕士，天津滨海新区城市规划设计研究院有限公司，工程师。电子信箱：517889958@qq.com

何家欢，女，硕士，天津滨海新区城市规划设计研究院有限公司。电子信箱：517889958@qq.com

邵勇，男，硕士，天津市滨海新区规划与编制研究中心，高级工程师。电子信箱：517889958@qq.com

王学勇，男，硕士，天津市滨海新区规划与编制研究中心，高级工程师。电子信箱：517889958@qq.com

马元直，男，本科，天津滨海新区城市规划设计研究院有限公司，所长，工程师。电子信箱：517889958@qq.com

基金项目

国家基金重点项目"基于广义交通枢纽的城市多模式交通网络协同规划理论与方法"（51638004）；

重点研发计划课题"可计算城市多模式交通网络模型及承载能力分析方法"（2018YFB1600902）。

美国商品流调查经验与启示

廖静莹　林姚宇　肖作鹏

【摘要】货运交通调查是物流体系规划与政策制定的前提。随着人们认识到货运数据的缺乏，我国目前已开展货运物流的相关调查，但在调查思路与调查方法上仍然存在局限。西方国家在货运调查方面起步早且发展繁荣，在经历了基于车辆、基于道路、基于商品三个阶段后，目前逐步迈向了基于供应链的思维转向，其中又以美国基于商品所进行的商品流调查最具有代表性与前瞻性。因此，本文通过梳理美国商品流货运调查推行的背景概念与实施方法，总结出美国商品流调查的技术逻辑、内容特点与数据应用，对于我国货运调查工作的推进提出具体建议。

【关键词】货运调查；美国商品流调查（Commodity Flow Survey）；供应链；美国货运分析框架（Freight Analysis Framework）

作者简介

廖静莹，女，硕士，哈尔滨工业大学（深圳）。电子信箱：810385203@qq.com

林姚宇，男，博士，哈尔滨工业大学（深圳），副教授。电子信箱：linyy@hitsz.edu.cn

肖作鹏，男，博士，哈尔滨工业大学（深圳），助理教授。电子信箱：tacxzp@foxmail.com

基金项目

2020 深圳市自然科学基金"基于机器学习的深圳市港区货车行

为识别及自动驾驶空间支持模拟"（JCYJ20190806144618382）；

2019 国家自然科学基金"网络零售供应链对城市物流空间重构及其环境效应研究"（41801151）（2019.1～2021.12）。

北京城市轨道交通与国际大城市对标研究

史芮嘉　杨志刚　李　琦　张　喆　兰亚京　李慧轩　张思佳

【摘要】本文以北京市 2018 年底现状轨道交通线网、二期建设规划调整版线网、北京城市总规版线网为基础，与纽约、伦敦、巴黎、东京、首尔等国际大城市轨道交通现状对标，从出行结构、线网规模、线网密度、服务水平等方面分析北京轨道交通发展水平；结合巴黎、东京轨道交通发展历程及北京轨道交通线网规模、日均客流、轨道交通分担比例及规模效益历年变化情况，研究判断北京轨道交通发展阶段；采用线网可直接换乘的线路比例、有换乘关系的线路间的平均换乘机会、网络换乘便捷性指数三个指标，对标分析北京轨道交通线网换乘情况，识别北京轨道交通线网结构短板。通过轨道交通线网发展水平、发展阶段、线网结构三个方面的对标分析，对北京轨道交通发展规划提出相关建议。

【关键词】城市轨道交通；线网规模；发展水平；发展阶段；线网结构

作者简介

史芮嘉，女，博士，北京市城市规划设计研究院，高级工程师。电子信箱：shi_ruijia@126.com

杨志刚，男，硕士，北京市城市规划设计研究院，高级工程师。电子信箱：shi_ruijia@126.com

李琦，女，博士，北京市城市规划设计研究院，高级工程师。电子信箱：shi_ruijia@126.com

张喆，女，硕士，北京市城市规划设计研究院，工程师。电

子信箱：shi_ruijia@126.com

兰亚京，男，硕士，北京市城市规划设计研究院，工程师。
电子信箱：shi_ruijia@126.com

李慧轩，男，博士，北京市城市规划设计研究院，高级工程师。电子信箱：shi_ruijia@126.com

张思佳，女，博士，北京市城市规划设计研究院，工程师。电子信箱：shi_ruijia@126.com

面向公交出行链效率提升及感知耗时压缩的优化策略①

王宇沁　吴娇蓉　邓泳淇　黄正文

【摘要】公交出行链不仅在实际耗时上长于小汽车耗时，由于公交出行链全环节的一些客观因素还会导致公交出行链的感知耗时比实际耗时更长。双重因素叠加，雪上加霜，导致公交出行链吸引力大打折扣。本文采用公交/小汽车行程时间比、车外时间比指标分析公交出行链服务效率，同时基于典型公交链全过程踏勘，探究影响感知时耗的要素。结果显示，短距离常规公交出行链车外时间偏高，实际步行到站距离往往大于站点服务半径覆盖指标；公交与小汽车行程时间比远超过 1.5，相较小汽车，公交完全没有竞争力。中长距离多方式换乘公交出行链客观服务效率相较小汽车存在竞争力，但全过程出行感知时耗明显大于客观耗时。最后以效率提升及感知时耗压缩为目标，分别提出"提速"及"提质"策略包，并对预期效果进行评估，以期为公共交通系统精细化改善提供新的思路，助力"公交出行时间1.5"战略。

【关键词】公交出行链；服务效率；感知时耗；惩罚系数；痛点识别

作者简介

王宇沁，女，博士，同济大学，助理研究员。电子信箱：081263@tongji.edu.cn

吴娇蓉，女，博士，同济大学，同济大学城市交通研究院副

---

① 基金项目：上海市科委科研计划项目/Research Project of Shanghai Science and Technology Commission（项目编号：19DZ1208904，19DZ1208900）。

院长，教授。电子信箱：wjrshtj@163.com

邓泳淇，女，在读博士研究生，同济大学。电子信箱：719053941@qq.com

黄正文，男，在读硕士研究生，同济大学。电子信箱：603963845@qq.com

粤港跨境客运交通出行
需求分析及其发展对策

夏新海　　叶巧棉

【摘要】粤港澳大湾区是我国开放水平最高、市场经济积极性最强的地区之一，粤港客运交通反映出大湾区潜在的经济活力。本文以粤港澳大湾区为背景，以粤港跨境客运为对象展开研究。首先，在阐述粤港澳大湾区整体客运交通出行需求特征的基础上，分析了轨道、道路、水上等不同交通出行方式的粤港跨境客运需求特征。接下来，从人口与经济、城市空间格局、产业发展、国家政策等方面对粤港跨境出行需求的影响因素进行了探讨，进而利用多元线性回归模型进行了粤港跨境客运交通需求预测。最后针对粤港跨境客运业应对发展理念滞后、行业服务模式传统、口岸通关耗时较长等问题，从技术赋能、行业协同发展和政府政策三个方面提出了改进建议，以保证跨境客运供需关系实现动态平衡。

【关键词】粤港澳大湾区；跨境客运；需求预测；线性回归分析

作者简介

夏新海，男，博士，广州航海学院，教授。电子信箱：xiaxinhai@126.com

叶巧棉，女，本科，广州航海学院。电子信箱：87489877@qq.com

胡同味道：北京典型胡同
步行空间比较研究

李益达　熊　文　龚　钊　薛　峰

【摘要】"胡同不能再拆了"，保护胡同即保护北京老城的文化底蕴。《北京城市总体规划（2016 年—2035 年）》及《首都功能核心区控制性详细规划（街区层面）（2018 年—2035 年）》等文件中均要求保护北京老城形态，强调保护老城街巷胡同格局、保持历史文化街区生活延续的重要性。本文通过人本观测法、全景分析法、空间数据分层法等方法，选取杨梅竹斜街、护国寺街、南锣鼓巷胡同和五道营胡同四个北京典型胡同，从步行空间的安全性、畅通性、舒适性三个方面对比研究胡同特色。通过比较研究发现杨梅竹斜街有其独特"味道"：既有独特的历史文化氛围，又有时尚元素；较好的商住比重使街道既有活力又不嘈杂，但也存在非机动驾驶安全隐患和步行空间被侵占等问题。最后就此提出老城改造更新的建议，加快大栅栏观音寺片区老城保护更新项目的建设。

【关键词】历史街区；北京胡同；步行空间；胡同特色；人流量

作者简介

李益达，女，本科，北京工业大学。电子信箱：1270926569@qq.com

熊文，男，博士，北京工业大学，城市建设学部副主任，副教授。电子信箱：xwart@126.com

龚钊，男，硕士，北京市规划和自然资源委员会，北京市规

划和自然资源委员会委员。电子信箱：1270926569@qq.com

薛峰，男，本科，北京工业大学。电子信箱：xuefeng1287@163.com

基金项目

国家社会科学基金重点项目"中国式街道的人本观测与治理研究"（17AGL028）。

碳达峰、碳中和背景下的
自行车交通碳排放研究

刘丙乾　熊　文

【摘要】城市交通领域减排脱碳是国家碳达峰、碳中和"3060"战略目标的重要组成部分。构建可持续交通发展理念，推动城市交通率先实现尽早达峰、低位达峰，既需要强化小汽车出行管控，避免小汽车导向的出行结构；也需要鼓励新能源汽车产业的发展，调整城市交通能源结构；更需要引导市民向更加绿色、清洁、健康的主动参与公共交通方式转变。本文基于可持续交通发展理念，从自行车替代减排和全生命周期碳排放两个维度，构建城市自行车交通碳排放测度体系，探究城市自行车交通对城市交通减排脱碳的潜力和意义。研究表明，从自行车全生命周期维度来看，城市自行车交通并非"零排放"交通方式。构建可持续交通，推动城市交通减排脱碳，需要从全生命周期维度来构建自行车碳排放测度模型与方法，扩大步行和自行车主动交通网络，构建"三网融合"的绿色交通发展模式，形成"推拉一体"政策措施，引导和推动私人机动化向步行和自行车等更加主动、绿色、低碳的出行方式转变。

【关键词】碳达峰；碳中和；自行车交通；碳排放

作者简介

刘丙乾，男，硕士，成都市规划设计研究院，助理规划师。电子信箱：185559680@qq.com

熊文，男，博士，北京工业大学建筑与城市规划学院，副教授。电子信箱：xwart@126.com

后　记

2021年中国城市交通规划年会围绕"绿色·智慧·融合"主题组织了论文征集活动，共收到投稿论文452篇。在科技期刊学术不端文献检测系统筛查的基础上，经论文审查委员会匿名审阅，274篇论文被录用，其中25篇论文被精选为宣讲论文。

在本书付梓之际，城市交通规划学术委员会真诚感谢所有投稿作者的倾心研究和踊跃投稿，感谢各位审稿专家认真公正、严格负责的评选！感谢中国城市规划设计研究院城市交通研究分院的乔伟、张斯阳等在协助本书出版工作中付出的辛勤劳动！

论文全文电子版可通过城市交通规划学术委员会官网（http://transport.planning.org.cn）下载。

中国城市规划学会城市交通规划学术委员会
2021年8月16日